VMware
vSphere 5.0
虚拟化架构实战指南

何坤源 编著

U0288334

人民邮电出版社

北京

图书在版编目（C I P）数据

VMware vSphere 5.0虚拟化架构实战指南 / 何坤源
编著. -- 北京 : 人民邮电出版社, 2014.1
ISBN 978-7-115-33539-5

Ⅰ. ①V… Ⅱ. ①何… Ⅲ. ①虚拟处理机－指南
Ⅳ. ①TP338-62

中国版本图书馆CIP数据核字(2013)第258751号

内 容 提 要

本书总计 16 章，针对 VMware vSphere 在企业环境中部署的实际需求，着重介绍了 VMware vSphere 5.0 虚拟化架构的安装、配置、管理和维护方法。

全书以实战操作为主，理论为辅，通过搭建真实物理环境，介绍了如何在企业环境中快速部署 VMware vSphere 5.0，同时对 VMware vSphere 5.0 在实施过程中设备的选型提出了指导性意见。书中给出了大量实战操作，能够迅速提高读者的动手能力和技术水平。

本书通俗易懂，可操作性强，适合 VMware vSphere 5.0 虚拟化架构管理人员学习，也可作为 VCP 5 考试的参考资料。

◆ 编　著　何坤源
　　责任编辑　王峰松
　　责任印制　程彦红　焦志炜

◆ 人民邮电出版社出版发行　　北京市丰台区成寿寺路 11 号
　　邮编　100164　　电子邮件　315@ptpress.com.cn
　　网址　http://www.ptpress.com.cn
　　固安县铭成印刷有限公司印刷

◆ 开本：787×1092　1/16
　　印张：17.5　　　　　　　　　　　2014 年 1 月第 1 版
　　字数：400 千字　　　　　　　　2024 年 7 月河北第 16 次印刷

定价：49.00 元

读者服务热线：(010)81055410　印装质量热线：(010)81055316
反盗版热线：(010)81055315

致　　谢

非常感谢我的家人在本书写作过程中给予我的大力支持，没有他们的支持本书是不可能与读者见面的。

本书在写作过程中使用了成都昆腾软件有限公司无偿提供的服务器，如果没有这些服务器，本书的实战操作仅能在虚拟环境下进行，在此表示衷心感谢。

本书在写作过程中参阅了 VMware 网站（http://www.vmware.com）的技术资料，在此对资料的提供者表示感谢。

序 一

世界已经到了转变的当口，"互联网"正在以暴风骤雨式的速度改变着我们的一切，创新与颠覆听起来也不再刺耳，"云服务"正实实在在的给客户营造从未有过的体验。从"互联网金融"到"金融互联网"，从 B2C 到 C2B，除了融合创新之外，背后更多的是各种系统级资源的逻辑抽象和统一表示，但是这种抽象和统一又是如何做到的呢？

VMware vSphere 肯定是其中最优秀的代表之一。笔者主管金融行业后援体系多年，深知大多数传统意义上的后援体系是"零散的、烟囱式"的架构，这让我们不得不又回归现实。虚拟化、云计算这些时髦的概念为整合系统资源和各种互联网创新提供了无限的可能性，但是从这些概念到具体实践落地，却一直鲜为人知。

VMware vSphere 虚拟化以及云计算平台是各系统资源的逻辑抽象和统一表示的集大成者，金融领域很多公司正是通过其提供的工具完成企业架构的迅速变革，通过虚拟化展现了奇迹般的创新，我们一次又一次被其崭新的版本和崭新的功能所折服，但是这个不断变化和创新的领域以及 VMware vSphere 本身繁多的功能，却让即便是专业人员也望而却步。

对于我们来说，借助"先行者"的经验显得尤为重要，因此，很有必要将这种经验汇集成书，这对理解和应用所需的技术、设备，通过实践去粗存精、总结归纳，以发现在企业架构中有效利用这一解决方案的方法，无疑是大有裨益的。

本书的作者正是一位埋头苦干、能静下心来去实践的"艺术家"，笔者称其为 VMware vSphere 的布道者。多年以来，作者孜孜不倦，一直从事一线的开发工作，积累了大量的经验，同时又有很深的理论功底，非常有悟性。作者写就的样张拿到后，笔者很快阅读了全书的结构和内容，着实兴奋了一番。相比市场上同类书籍，本书摒弃了华而不实的理论宣导，侧重于"以经验和心得去写实"，不仅涵盖了 VMware vSphere 最重要的主题，在谋篇布局上也打动了笔者。全书提纲挈领，颇有新意，总体来说，本书有两个特点：

第一，深入浅出。本书从最简单的概念入手，以 VMware vSphere 的安装、配置和部署为一条主线，同时又以虚拟机的创建、迁移、调配和使用为另一条主线，全书贯穿双机热备、安全管理等高可用主题，呈现出一个清晰可见的 VMware vSphere 树形知识结构，让读者能够迅速抓住本书的重点循序渐进，可读性非常强。

第二，实战性强。阅读本书，内容全面、简洁实用是其鲜明的特点。本书始终以"实战"为要点，对要阐述的内容结构、层次和序列把握得非常到位，几乎囊括了 VMware vSphere 应用的所有重要的概念和实施步骤，更可贵的是，本书并没有陷于过多的技术细节之中，有一定计算机专业知识的人都可以有兴趣地读下去，并能按照书中的讲解去实际体验。

本书对具体从事虚拟化和云计算技术研究开发的一线人员有较强的实践指导作用，同时对正在实施企业架构的相关企业、组织和人员也非常有帮助。

本书在字里行间充满了作者对所从事工作的激情和梦想，在繁重的工作之余，作者能编写本书，与读者分享他的心得与经验，令人欣慰和为之骄傲。

笔者受益于此书，我相信这本书的面世也会让更多的读者受益。祝愿本书作者能继续在虚拟化领域深入探索，不断有更多的心得和经验与大家共享！

毕　闯

北京大学光华管理学院 EMBA

天安人寿保险股份有限公司副总裁

2013 年 10 月 11 日星期五于北京

序二：怕，你就输掉了一辈子

前一段时间在网上遇到作者，听说作者在写一本关于虚拟化的书，我感觉很开心。其实我之所以开心，并不是因为写的书可以出版，而是因为很多有经验的工程师有写书的动力与勇气。

我想大家看得最多的关于网络方面的书，无非是来自于人民邮电出版社翻译的思科的理论书籍，其实外国人写的书相当不错，严谨、认真，特别是在理论方面，可以说是标准的定制者，但是真正读过外国人写的书以后，我相信大家都会有一个共同的感觉，即实用性一点也不强，说直接一点，就是对实际工程项目没有太多的帮助。

难道我们自己没有写书的能力与经验吗？相信答案是否定的。在我的工作中，确实也遇到了很多经验和语言组织能力都相当突出的技术支持工程师，但是真正让他们去写书的时候，可能会有很多顾及，比如：出于自己的私心有技术保留，毕竟工程师是靠经验来吃饭的，而有时候一点经验需要数十年的积累才可以参悟透彻，但是教会别人可能只需要几分钟的时间；也有的工程师虽然技术能力相当不错，但语言组织能力不强，没有办法写书；也有愿意写书的，但由于自己项目经验不够丰富，没有办法成书。

所以，写书并非一件容易的事情，在写之前会有很多考虑，确实会有怕的感觉。所以我在这里写了一句话：怕，你就输掉了一辈子。我个人认为，不管书写得如何，关键是有勇气与毅力去写，愿意与别人分享自己的学习经验与工作经验，这才是最难能可贵的，所以先不说作者写得如何，对大家是否可用。我只想说，作者愿意将自己的所学或是工作经验分享出来，就是值得肯定的。当然，我也希望更多有经验或是有能力的工程师愿意来写书。因为你们的付出，可以让后面的人少走弯路，这才是最重要的。

技术是很严谨的，是开不了半点玩笑的，搞技术的人其实是很孤独与寂寞的，所以大家在学习技术的时候，首先要问清楚自己是否真的对技术有兴趣，是否真的爱好技术，并且技术是分很多类型的，一定要找到自己喜欢的类型，然后成为这方面的专家。其实这句话我经常对朋友或对学生讲，当然，原话并非出自我，而是来自于思科最经典的书——《IP路由协议疑难解析》中的前言：我希望你们三个人能分别专攻一种路由协议，并成为该领域的顶尖高手。

虚拟化是这几年最热门的技术，我个人在项目中也确实遇到了，但实话实说，遇到的不多，这与我主攻路由与交换是有关系的，我也确实在自己的项目群中遇到专攻虚拟化、虚拟化与服务器、存储、数据库等技术的高手，还有与 Linux 打交道的也比较多，所以如果读者真的对虚拟化有兴趣，也需要去学习与之相关的技术。一分付出，一分回报，虚拟化学好以后，如果经验丰富，所得到的薪水也是相当不错的，所以那些愿意学习虚拟化的朋友根本不要担心找不到工作。如果你找不到工作，那只能说明你付出的努力不够，做的实验不够，经验也不够，没有资格拿高薪水罢了。

希望喜欢虚拟化的朋友能从本书中获得知识与快乐！

网络知名作者：红盟过客

2013 年 8 月　杭州

前　言

　　数据中心的管理一直是 IT 部门面临的难题。为满足业务需求，数据中心的服务器、网络设备等的数量不断增加，内部的管理也越来越复杂，随之而来的是整体运营成本的不断上升。在这样的背景下，IT 部门必须提出相应的解决方案对传统的数据中心进行合理的变革。

　　虚拟化技术已经发展了很多年，在技术上已经相当成熟。软件厂商们也相继推出了企业级虚拟化解决方案，如 VMware vSphere、Microsoft Hyper-V、RedHat KVM 等。同时，Intel、AMD、Cisco 等硬件生产厂商也在自己的产品中提供了对虚拟化的支持，通过这一系列组合形成了新一代的数据中心架构。如果加上自动化和自动服务，就可构成"IT 即服务"的基础。

　　在企业级虚拟化市场上，VMware vSphere 占据了重要的地位。VMware vSphere 5.0 虚拟化架构通过整合数据中心服务器、灵活调配资源等降低运营成本，并且可在不增加成本的情况下提供高可用性和灾难恢复能力。

　　不少企业已经开始对传统数据中心进行升级改造，整合并且充分利用现有资源，而这一切的基础就是服务器的虚拟化，也是传统数据中心改造的基础。

　　本书的重点是服务器的虚拟化。希望这本书能够为技术人员在虚拟化的部署中提供一定的指引和参考。

　　本书一共分为 16 章，采用循序渐进的方式让大家掌握 VMware vSphere 5.0 虚拟化架构如何在企业中部署。

　　第 1 章至第 5 章内容介绍了 vSphere ESXi 5.0 主机的安装以及必要的配置、不同版本 vCenter Server 的安装配置、虚拟交换机以及存储配置。

　　第 6 章至第 15 章内容介绍了 vSphere 虚拟化架构中高级特性（如 vMotion、HA、DRS、FT）的使用方法以及备份等日常管理任务。

　　第 16 章内容以案例的形式介绍了 vSphere 虚拟化架构如何在企业实施。

　　由于作者水平有限，加之本书涉及的知识点较多，书中难免存在不妥之处，欢迎读者与我们联系和交流。有关本书的任何问题、意见和建议，读者可以发邮件到 heky@vip.sina.com 联系作者，也可以发邮件到 wangfengsong@ptpress.com.cn 联系本书的责任编辑，欢迎广大读者提出自己的宝贵意见和建议。

　　以下是作者的技术交流平台。

　　技术交流网站：www.bdnetlab.com（黑色数据网络实验室）

　　QQ：44222798

　　QQ 交流群：240222381

编　者

2013.10

目　　录

第 1 章 VMware vSphere 概述

VMware 公司于 2011 年 7 月发布了 VMware vSphere 5.0 版本。VMware vSphere 是 VMware 公司企业级虚拟化解决方案，由 ESXi 主机、vCeneter Server、vSwitch、Storage 以及其他组件构成。vSphere 组件中的 ESXi 主机是整个虚拟化架构的基础，通常安装在物理服务器上，所有的 Virtual Machine（虚拟机）均运行在 ESXi 主机之上。本章将介绍如何安装 ESXi 5.0 主机以及如何通过工具对 ESXi 主机进行管理操作。

本章要点

- 虚拟化技术介绍
- VMware vSphere 5.0 虚拟化架构介绍
- 实战环境的搭建
- ESXi 主机的安装
- ESXi 主机安装后的必要配置

1.1 虚拟化技术介绍

在开始安装 vSphere ESXi 5.0 之前，首先了解一下什么是虚拟化，为什么要进行虚拟化以及虚拟化的基础架构。

1.1.1 虚拟化介绍

目前，企业使用的物理服务器一般运行单个操作系统或单个应用程序。随着服务器性能的大幅度提升，服务器的使用率越来越低。如果使用虚拟化解决方案，可以在单台物理服务器上运行多个虚拟机，每个虚拟机可以共享同一台物理服务器的资源，不同的虚拟机可以在同一台物理服务器上运行不同的操作系统以及多个应用程序。

虚拟化的工作原理是直接在物理服务器硬件或主机操作系统上面插入一个精简的软件层。该软件层包含一个以动态和透明方式分配硬件资源的虚拟机监视器（虚拟化管理程序，也称为 Hypervisor）。多个操作系统可以同时运行在单台物理服务器上，彼此之间共享硬件资源。由于是将硬件资源（包括 CPU、内存、操作系统和网络设备）封装起来，因此虚拟机可与所有标准的 x86 操作系统、应用程序和设备驱动程序完全兼容，可以同时在一台物理服务器上安装运行多个操作系统和应用程序，每个操作系统和应用程序都可以在需要时访问其所需的资源。

企业级虚拟化解决方案主要由以下厂商提供。

1. VMware vSphere

VMware 公司推出的企业级虚拟化解决方案。据 IDC 2012 年统计数据显示，VMware vSphere 虚拟化解决方案已经占据全球虚拟化市场 70%左右的份额,世界 500 强企业中有一半以上正在使用或者测试 VMware vSphere。在编写本书的时候，VMware 公司已经发布了最新的 VMware vSphere 5.1 版本。

2. Microsoft Hyper-V

微软公司推出的企业级虚拟化解决方案。作为图形化操作系统和 Office 办公软件领域的领军者，微软从 Windows Server 2008 开始集成 Hyper-V 虚拟化解决方案，Hyper-V 作为 Windows Server 中一个附加角色存在。Windows Server 2008 中的 Hyper-V 属于微软在企业级虚拟化领域的试水之作，存在很多的 Bug，很多高级特性无法提供支持，因此不能满足企业级虚拟化需求。最新发布的 Hyper-V 是基于 Windows Server 2012 的，与 Windows Server 2008 中的 Hyper-V 相比，新的版本解决了原来的 Bug，提供了很多新的高级特性。新的版本算是真正意义上的企业级虚拟化解决方案。

3. Citrix XenApp

Citrix 公司推出的企业级虚拟化解决方案。提到 Citrix,读者可能会想到 Windows Server 的终端服务，在早期的无盘工作站时代，Citrix 算是这一领域的领军者。实际上，Citrix 也是一家可以提供企业级虚拟化解决方案的公司，所涉及的产品包括 Citrix XenApp（应用虚拟化）、Citrix XenDesktop（桌面虚拟化）以及 XenClient（客户端虚拟化）等。目前，Citrix 公司的桌面虚拟化产品在市场中占有比较重要的地位。

4. RedHat KVM

RedHat 公司推出的企业级虚拟化解决方案。作为开源 Linux 系统的领军者，RedHat 没有忽略企业级虚拟化市场。2007 年发布的 Red Hat Enterprise Linux（RHEL）5 版本中已经集成了 Xen 企业级虚拟化解决方案。2008 年，RedHat 调整虚拟化架构，收购 KVM 厂商 Qumranet,将 KVM 作为 RedHat 虚拟化的核心。2009 年，RedHat 发布了 Red Hat Enterprise Linux（RHEL）5.4 版，这是第一个围绕开源 KVM 管理程序的企业级虚拟化产品，新产品仍然支持 2007 年发布的 RHEL 5 中所采用的 Xen 管理程序。

1.1.2 为什么要进行虚拟化

随着 x86 系列服务器性能的大幅度提升，服务器硬件的使用率越来越低，许多服务器基本处于闲置状态。通过实现服务器虚拟化，可以降低 IT 成本，同时提高现有资产的效率、利用率和灵活性，其具体表现在以下几个方面。

1. 提高现有资源的利用率

通过对服务器的整合，打破原有的"一台服务器一个应用程序"模式。

2. 降低运营成本

服务器及相关硬件设备的减少，会导致占地空间的减少，以及电力和散热需求的减少。由于管理工具更加出色,可帮助提高服务器/管理员比率，因此所需人员数量也将随之减少，从而降低了运营成本。

3. 提高硬件和应用程序的可用性

虚拟化架构可以安全地备份和迁移整个架构，而不会出现服务中断的情况，同时，消除计划内停机，使用高级特性可以从计划外故障中立即恢复。

4．实现运营灵活性

由于采用动态资源调配，加快了服务器调配并改进了桌面和应用程序部署。

5．提高桌面的可管理性和安全性

几乎可在所有标准台式机、笔记本电脑或 Tablet PC 上部署、管理和监视安全桌面环境，用户可以在本地或以远程方式对这种环境进行访问。

1.1.3　虚拟化基础架构简介

利用虚拟化基础架构，可在整个架构范围内共享多台物理服务器的资源。借助虚拟机，可在多个虚拟机之间共享单台物理服务器的资源以实现最高效率。资源由多个虚拟机和应用共享。

根据业务的需要，可将 x86 服务器与网络、存储整合成统一的 IT 资源池，以便需要时随时使用。一般来说，虚拟化基础架构包括以下组件。

1．虚拟化管理程序

也就是 Hypervisor，提供虚拟化解决方案公司的核心技术，管理物理服务器的硬件资源，可使每台物理服务器实现全面虚拟化。

2．架构服务

资源管理和整合备份管理，可在虚拟机之间使可用资源达到最优配置。

3．自动化解决方案

通过自动化操作来优化传统的 IT 流程，如自动调配或灾难恢复等。

1.2　VMware vSphere 虚拟化架构简介

VMware vSphere 5.0 是 VMware 公司提供的企业级虚拟化解决方案，图 1-1 所示为完整的 vSphere 虚拟化整体架构，下面将对 vSphere 虚拟化架构进行介绍。

1.2.1　私有云资源池/公有云

Private Cloud Resource Pools（私有云资源池）由硬件资源组成，通过 vSphere 管理私有云所有资源。

Public Cloud（即公有云）是私有云的延伸，可向外部提供云计算服务。

1.2.2　架构服务

Infrastructure Services（架构服务）定义了 Computer、Storage、Network 等 3 大部分。

1．Computer（计算机）

Computer 主要包括 ESX 和 ESXi（vSphere 5.0 中仅有 ESXi）、DRS（分布式资源调配）以及 Memory（内存）。

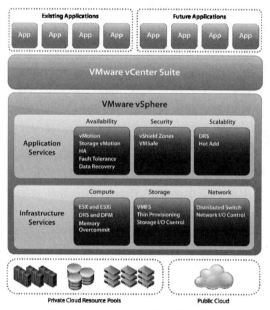

图 1-1 vSphere 虚拟化架构的构成

ESXi 是在物理服务器上安装虚拟化管理程序，用于管理底层硬件资源。安装 ESXi 的物理服务器称为 ESXi 主机，是 vSphere 虚拟化架构的基础。

DRS（分布式资源调配）是 vSphere 高级特性之一，动态调配虚拟机运行的 ESXi 主机，充分利用物理服务器硬件资源。

Memory（内存）就是物理服务器以及虚拟机内存的管理。

2．Storage（存储）

Storage 主要包括了 VMFS、Thin Provisioning、Storage I/O Control。

VMFS（虚拟机文件系统）是跨越多个物理服务器实现虚拟化的基础。

Thin Provisioning（精简盘）是对虚拟机硬盘文件 VMDK 动态调配的技术。

Storage I/O Control（存储读写控制）是 vSphere 高级特性之一，利用对存储读写的控制使存储达到更好的性能。

3．Network（网络）

Network 包括了 Distributed Switch、Network I/O Control。

Distributed Switch（分布式交换机）是 vSphere 虚拟化架构网络核心之一，是跨越多台 ESXi 主机的虚拟交换机。

Network I/O Control（网络读写控制）是 vSphere 高级特性之一，通过对网络读写的控制使网络达到更好的性能。

1.2.3 应用服务

Application Service（应用服务）定义了 Availability、Security、Scalability 等 3 大部分。

1．Availability（可用性）

Availability 包括了 vMotion、Storage vMotion、High Availability 、Fault Tolerance、Data

Recovery。

　　vMotion（实时迁移）是让运行在 ESXi 主机上的虚拟机可以在开机或关机状态下迁移到另外 ESXi 主机上。

　　Storage vMotion（存储实时迁移）是让虚拟机所使用的存储文件在开机或关机状态下迁移到另外的存储设备上。

　　High Availability（高可用性）是在 ESXi 主机出现故障的情况下，将虚拟机迁移到正常的 ESXi 主机运行，尽量避免由于 ESXi 主机出现故障而导致服务中断。

　　Fault Tolernace（容错）是让虚拟机同时在两台 ESXi 主机上以主/从方式并发地运行，也就是所谓的虚拟机双机热备。当任意一台虚拟机出现故障，另外一台立即接替工作，对于用户而言感觉不到后台已经发生了故障切换。

　　Data Recovery（数据恢复）是通过合理的备份机制对虚拟机进行备份，以便故障发生时能够快速恢复。

　　2. Security（安全）

　　Security 包括 vShield Zones、VMsafe。

　　vShield Zones 是一种安全性虚拟工具，可用于显示和实施网络活动。

　　VMsafe 安全 API 使第三方安全厂商可以在管理程序内部保护虚拟机。

　　3. Scalability（扩展性）

　　Scalability 包括了 DRS、Hot Add。

　　DRS（分布式资源调配）是 vSphere 高级特性之一，动态调配虚拟机运行的 ESXi 主机，充分利用物理服务器硬件资源。

　　Hot Add（热插拔）使虚拟机能够在不关机的情况下增加 CPU、内存、硬盘等硬件资源。

1.2.4　VMware vCenter Server

　　vSphere 虚拟化架构的核心管理工具也是日常管理操作平台。vSphere 虚拟化架构所有高级特性都必须依靠 vCenter Server 实现。第 2 章将介绍 vCenter Server 的安装配置。

1.2.5　虚拟机

　　Virtual Machine（虚拟机）对于用户来说，实际就是一台物理机，和物理机一样拥有 CPU、内存、硬盘等硬件资源，安装操作系统以及应用程序后与物理服务器提供的服务完全一样，第 6 章将介绍虚拟机的安装与配置。

1.2.6　物理体系结构与虚拟体系结构的差异

　　通过上面的介绍，相信读者对 vSphere 虚拟化架构有了一定的认识。下面再了解一下传统物理体系结构与 vSphere 虚拟体系结构的差异。

　　如图 1-2 所示，传统物理体系结构中，一台物理服务器一般运行一个操作系统以及一个应用程序，而虚拟体系结构中，一台物理服务器可以运行多个操作系统以及多个应用程序，有效地提高了物理服务器的使用率。

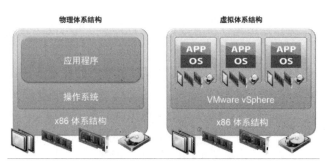

图 1-2 物理体系结构与虚拟体系结构的差异

1.2.7 vSphere 虚拟化架构与云计算的关系

业界有一种说法，虚拟化是云计算的基础。那么未使用虚拟化架构的传统数据中心是否能够使用云计算呢？答案是可以的。只是如果不使用虚拟化，运营成本的降低、资源的有效利用、良好的扩展性均不能得到体现。VMware vCloud Director 可以方便快捷地将 vSphere 融入云计算，如图 1-3 所示。

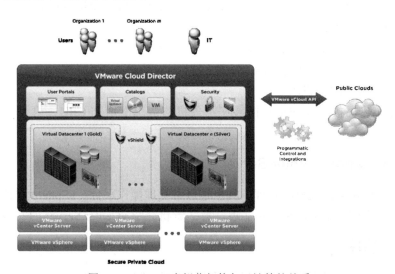

图 1-3 vSphere 虚拟化架构与云计算的关系

1.2.8 vSphere 5.0 新增功能

2011 年 7 月发布的 VMware vSphere 5.0 版本增加了超过 200 项的功能，并且对某些关键架构进行了重新编写。下面了解一下 vSphere 5.0 新增了哪些主要功能。

1. vSphere Hypervisor

vSphere Hypervisor 是安装在物理服务器上的虚拟化底层管理系统，也就是日常所说的 ESXi。在 vSphere 4.X 版本中，ESXi 属于免费版本，可以创建、运行虚拟机，但不能添加到 vCenter Server 进行统一管理。新发布的 vSphere 5.0 提供了更简化的 ESXi 版本，取消了原来的 ESX 版本，同时取消了服务控制台，因此 vSphere 5.0 版本的稳定性更好，并且减少了漏洞。

2．vSphere Hypervisor Kernel

vSphere Hypervisor Kernel 是 ESXi 的核心。vSphere 5.0 版本的设计完全基于 64 位系统，提高了对硬件资源的利用率，然而传统 32 位的服务器上无法安装。

3．虚拟机的硬件版本

vSphere 5.0 版本使用最新的虚拟机硬件版本 8，对于一台虚拟机来说，最多可以支持 32 个虚拟 CPU 和 1TB 内存。

4．文件系统

vSphere 5.0 版本将文件系统从 VMFS3 升级到 VMFS5，调整了存储容量方面的限制。

5．vSphere 高可用性

vSphere 5.0 版本重新编写了高可用性。4.X 版本中使用的 Automated Availability Mangager（自动可用性管理器）被 Fault Domain Manager（故障域管理器）所代替。4.X 版本中使用的 Primary/Slave 结构被新的 Master/Slave 结构所代替。

6．存储迁移机制

vSphere 5.0 版本重新编写了存储迁移机制。4.X 版本中是基于块变更的，在存储迁移时可能出现故障。新的存储迁移机制具备主机级别的独立驱动器，避免了在存储迁移过程中出现故障。

7．自动部署

vSphere 5.0 版本的自动部署功能简化了大规模部署 ESXi 主机的工作，可以在短时间内部署大量的 ESXi 主机。

8．主机配置文件

在大规模环境中部署 ESXi 主机可以使用 vCenter Server 将主机配置文件部署到不同的 ESXi 主机上。

9．防火墙

vSphere 5.0 版本增加了防火墙模块组，在网卡与虚拟交换机之间，根据防火墙规则检查数据包，提高了 ESXi 主机的安全性。

10．ESXi Shell

vSphere 5.0 版本重新编写了 Command Line Interface（命令行接口），命令行接口主要用于 ESXi 主机维护、故障排除。

11．vCenter Server Appliance

vSphere 5.0 版本提供了基于 Linux 版的 vCenter Server，其实质是一台虚拟机，已经安装了 Linux 系统以及 vCenter Server，直接导入 ESXi 主机即可使用，不需要购买 Windows 系统的授权，简化了 vCenter Server 部署的同时也降低了成本。

12．vSphere Storage Appliance

vSphere 5.0 版本提供了 vSphere Storage Appliance，可将 ESXi 主机的本地存储空间利用起来并整合成共享存储，以实现 vSphere 虚拟化的高级特性（HA、DRS、FT）。

13．SSD Swap Cache

vSphere 虚拟化架构使用了 TPS、Memory Ballooning 等技术让虚拟机超额使用内存，如果上述技术使用完内存依然不够，就必须使用 ESXi 主机硬盘空间作为交换分区缓存，但普通硬盘的读写性能会影响交换分区的读写。vSphere 5.0版本加强了对SSD硬盘的支持，利用SSD硬盘的读写特性减少了交换分区缓存，降低了对ESXi主机性能的影响。

1.3 实战环境搭建

为了保证实战操作的真实性，本书使用物理服务器、交换机搭建了物理实战环境。同时，也使用VMware Workstation搭建了虚拟实战环境。两个实战环境详细的配置参数如下。

1. 物理实战环境

- 硬件配置

物理实战环境使用DELL PowerEdge 1950服务器、IBM System X3550服务器、Cisco 3550T交换机等设备搭建，详细配置如表1-1所示。

表 1-1 物理实战环境硬件配置

设备名称	CPU	内存	硬盘	网卡
IBM System X3550 服务器	Intel XEON 5345×2	16GB	73GB SAS	千兆以太网口6个
DELL PowerEdge 1950-01 服务器	Intel XEON 5150×2	16GB	1TB SATA	千兆以太网口6个
DELL PowerEdge 1950-02 服务器	Intel XEON 5320×2	8GB	1TB SATA	千兆以太网口6个
CISCO 3550T-01 交换机	10个千兆以太网口，2个GBIC千兆光纤模块			
CISCO 3550T-02 交换机				

- 拓扑结构

为满足多个章节的实战操作，本书设计了较完善的物理拓扑结构，如图1-4所示。

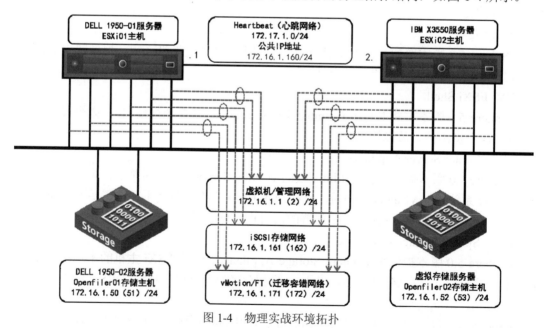

图1-4 物理实战环境拓扑

- IP 地址分配

物理实战环境使用多台 ESXi 主机、vCenter Server 以及网络存储，IP 地址分配如表 1-2 所示。

表 1-2　　　　　　　　　　　　　虚拟实战环境 IP 地址分配

设 备 名	流　　量	IP 地址
ESXi01 主机 （DELL PowerEdge 1950-01 服务器）	管理/虚拟机流量	172.16.1.1/24
	iSCSI 存储	172.16.1.161/24
	vMotion 迁移流量	172.16.1.171/24
ESXi02 主机 （IBM X3550 服务器）	管理/虚拟机流量	172.16.1.2/24
	iSCSI 存储	172.16.1.162/24
	vMotion 迁移流量	172.16.1.172/24
Openfiler01 主机 （DELL PowerEdge 1950-02 服务器）	iSCSI 存储	172.16.1.51（52）/24
Openfiler02 主机 （虚拟机）	iSCSI 存储	172.16.1.52（53）/24
vCenter Server01 （vCenter01 虚拟机）	vCenter Server 管理平台	172.16.1.150（160 公共 IP）/24
vCenter Server02 （vCenter02 虚拟机）	vCenter Server 管理平台	172.16.1.151（160 公共 IP）/24
BDnetlab_Windows2008_DC （虚拟机）	域控制器/DNS 服务器	172.16.1.253/24

2. 虚拟实战环境

- 硬件配置

使用 IBM T430 笔记本电脑安装 VMware Workstation 8.0，硬件配置如表 1-3 所示。

表 1-3　　　　　　　　　　　　　虚拟实战环境硬件配置

设备名称	CPU	内存	硬盘	网卡
IBM T430 笔记本	Intel i73520（4 核）	16GB	500GB	Intel 千兆

- 拓扑结构

使用 IBM T430 笔记本电脑安装基于 64 位版本的 Windows 7 专业版，再安装 VMware Workstation 8 以上的版本，最后在 VMware Workstation 中安装 ESXi 5.0。每台 ESXi 主机使用 2 个核心 CPU 以及 4GB 内存。拓扑结构与物理实战环境相同。

- IP 地址分配

虚拟实战环境 IP 地址分配与物理实战环境 IP 地址分配相同。

3. 读者实战环境搭建

相信读者对实战环境的搭建已经有了一个比较清晰的认识，或者已经搭建好了自己的实战环境。对于实战环境的搭建，本书给出以下意见。

- 物理环境

CPU 方面，目前市面上主流服务器使用的都是 Intel XEON E3、E5 系列 CPU，最低也是 XEON L56XX 系列，这些系列可以完美支持虚拟化，推荐使用机架式或塔式服务器以及 4 核多线程 CPU。

内存方面，如果只是对虚拟化进行测试，配置 2 个物理 CPU 的主机推荐使用 16GB 以上内存；如果用于生产环境，配置 2 个物理 CPU 的主机推荐使用 32GB 以上内存。

网卡方面，如果只是对虚拟化进行测试，安装 ESXi 5.0 主机最低配置 4 个千兆以太网口，如 Intel 或 Broadcom 品牌；如果用于生产环境，最低配置 6 个千兆以太网口，推荐 8 个千兆以太网口；如果成本允许，推荐使用万兆以太网口。

- 虚拟环境

CPU 方面，目前，市面上的兼容机或笔记本电脑一般使用的都是 Intel i3、i5、i7 系列 CPU，这些基本都是 2 核或多核的。搭建虚拟环境，推荐选择 4 核以上同时支持多线程的 CPU，这样可以拥有更多的核心（例如 Intel i7 系列 CPU 为 4 核 8 线程，我们可以使用 8 核）。

内存方面，推荐使用 16GB 以上内存，因为后期在虚拟化架构上运行各种服务时，对内存的要求相当高。

网卡方面，虚拟环境下对于网卡没有太多要求，由于网络通信集中在内部，能与外部网络连接即可。

1.4　安装 ESXi 5.0

在开始安装前，先了解一下安装 ESXi 主机在硬件上有些什么要求以及实战环境的硬件配置。

1.4.1　ESXi 主机安装条件

目前，主流服务器 CPU、内存、硬盘、网卡等均能支持 ESXi 5.0 安装，需要注意的是，使用自行配置的兼容机可能由于硬件不支持会出现无法安装的情况，VMware 官方推荐的硬件标准如下。

1. 处理器

所有 AMD Opteron 处理器都支持 AMD-V 虚拟化技术。

所有 Intel Xeon 3000/3200、3100/3300、5100/5300、5200/5400、5500/5600、7100/7300、7200/7400 和 7500、E3、E5 处理器都支持 Intel-VT 技术。

2. 内存

支持服务器内存以及带校验功能的内存，安装 ESXi 主机最低要求 2GB 内存，推荐使用 8GB 以上内存。

3. 网卡

VMware 官方推荐 Intel、Broadcom 两大厂商千兆以上网卡。

4．存储适配器

支持主流服务器使用的 SCSI 适配器、光纤通道适配器、聚合的网络适配器、iSCSI 适配器或内部 RAID 控制器，但需要参考 VMware 官方提供的硬件兼容性列表。

5．硬盘

主流的 SATA、SAS、SSD 硬盘都可以安装 ESXi 5.0。

1.4.2　安装介质的准备

可以访问 VMware 官方网站下载 60 天的评估版本，无任何功能限制，如图 1-5 所示。编写本书的时候，VMware 公司已经发布了最新的 vSphere 5.1 版本，将下载的评估版本（ISO 文件）刻录成启动光盘即可。

图 1-5　VMware 官方网站下载

1.4.3　使用光盘安装 ESXi 5.0 主机

本节实战操作是在 DELL PowerEdge 1950-01 服务器上安装 ESXi 5.0，此服务器配置了类似于 IP KVM 的远程管理卡，可使用浏览器对服务器进行远程操作。

第 1 步，将 ESXi 5.0 安装光盘放入服务器，启动安装向导，如图 1-6 所示，选择 "ESXi-5.0.0-469512-standard Installer" 安装 ESXi 5.0 系统，其中的 469512 代表版本号，按【Enter】键继续。

第 2 步，开始加载安装必须的文件，如图 1-7 所示。如果物理服务器硬件配置不支持安装 ESXi 5.0，可能会出现错误提示，中止 ESXi 安装。

图 1-6　安装 ESXi 主机之一

```
                        Loading ESXi installer
Loading /tboot.b00
Loading /b.b00
Loading /useropts.gz
Loading /k.b00
Loading /a.b00
Loading /ata-pata.v00
Loading /ata-pata.v01
Loading /ata-pata.v02
Loading /ata-pata.v03
Loading /ata-pata.v04
Loading /ata-pata.v05
Loading /ata-pata.v06
Loading /ata-pata.v07
Loading /block-cc.v00
Loading /ehci-ehc.v00
Loading /s.v00
```

图 1-7　安装 ESXi 主机之二

第 3 步，图 1-8 所示为安装文件加载成功界面，正在加载其他必须模块。

```
VMware ESXi 5.0.0 (VMKernel Release Build 469512)

Dell Inc. PowerEdge 1950

2 x Intel(R) Xeon(R) CPU 5150 @ 2.66GHz
16 GiB Memory



Loading module bnx2 ...
```

图 1-8　安装 ESXi 主机之三

第 4 步，进入 ESXi 安装向导，如图 1-9 所示，按【Enter】键开始安装 ESXi 5.0。

第 5 步，确认后出现 "End User License Agreement（EULA）"，即最终用户许可协议，如图 1-10 所示，按【F11】键选择 "Accept and Continue"，接受协议。

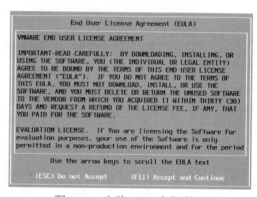

```
         Welcome to the VMware ESXi 5.0.0 Installation

VMware ESXi 5.0.0 installs on most systems but only
systems on VMware's Compatibility Guide are supported.

Consult the VMware Compatibility Guide at:
http://www.vmware.com/resources/compatibility

Select the operation to perform.

     (Esc) Cancel          (Enter) Continue
```

图 1-9　安装 ESXi 主机之四

图 1-10　安装 ESXi 主机之五

第 6 步，接受最终用户许可协议后会进行硬件的扫描（时间不长），然后要选择安装 ESXi 的硬盘，图 1-11 显示检测到硬盘信息 "ATA ST31000528AS······931.51GB"，是 DELL PowerEdge 1950-01 服务器上安装的一块希捷 SATA 1TB 的硬盘，按【F1】键可以查看硬盘的详细信息，按【F5】键刷新信息，此处按【Enter】键继续安装。

第 7 步，选择键盘类型，如图 1-12 所示，默认选择 "US Default"，即默认美式键盘，按【Enter】键继续。

第 8 步，提示输入 root 用户的密码，如图 1-13 所示，输入 "password"，按【Enter】继续。

第 9 步，进入扫描时间，提示需要等待一段时间，如图 1-14 所示。

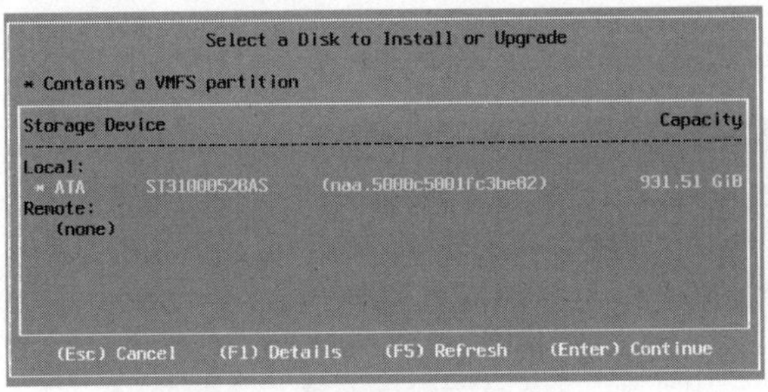

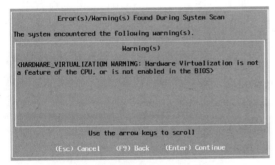

图 1-11　安装 ESXi 主机之六

图 1-12　安装 ESXi 主机之七

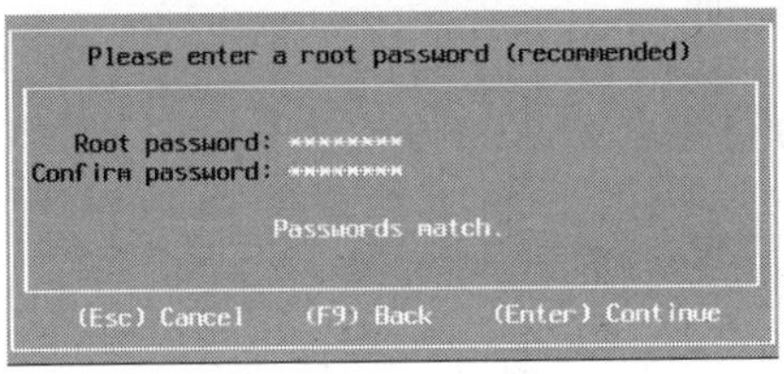

图 1-13　安装 ESXi 主机之八

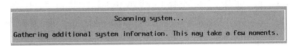

图 1-14　安装 ESXi 主机之九

第 10 步，扫描结束后，出现图 1-15 所示的警告界面，警告确认服务器 BIOS 已经打开 CPU 虚拟化特性，按【Enter】键继续。

第 11 步，提示 ESXi 5.0 将安装在刚才选择的硬盘上，如图 1-16 所示，按【F11】键继续。

图 1-15　安装 ESXi 主机之十

图 1-16　安装 ESXi 主机之十一

第 12 步，开始安装 ESXi 5.0，如图 1-17 所示。

第 13 步，安装时间取决于服务器的性能，等待一段时间后即可完成 ESXi 5.0 的安装，如图 1-18 所示，按【Enter】键重启服务器。

图 1-17　安装 ESXi 主机之十二

图 1-18　安装 ESXi 主机之十三

第 14 步，重启完成后，进入 ESXi 5.0 安装完成后的正式界面，如图 1-19 所示。

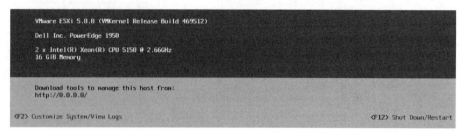

图 1-19　安装 ESXi 主机之十四

至此，在 DELL PowerEdge 1950-01 服务器上成功安装了 ESXi 5.0（以下简称 ESXi01 主机）。如果没有连接网线或网络中没有 DHCP 服务器，ESXi 主机不会获取 IP 地址。在 1.5 小节中，我们会对 ESXi01 主机进行基本配置，以便可以通过客户端来对 ESXi 主机进行管理。

1.5　安装后的必要配置

在 1.4 小节中，已经成功安装了 ESXi 5.0。如图 1-19 所示，ESXi01 主机未设置 IP 地址，意味着不能通过客户端对其进行配置管理，下面将对 ESXi 主机完成常规的配置。

1.5.1　配置 ESXi 主机管理地址

第 1 步，按【F2】键进入主机配置模式，如图 1-19 所示。

第 2 步，系统提示输入 root 密码，此时输入刚才设置的密码 "password"，如图 1-20 所示，按【Enter】键继续。

图 1-20　ESXi 5.0 基本配置之一

第 3 步，选择 "Configure Management Network"（配置管理网络），如图 1-21 所示，按【Enter】键继续。

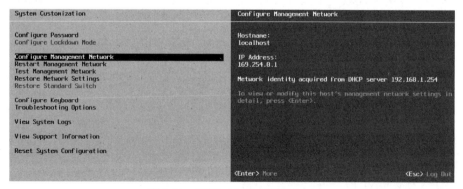

图 1-21　ESXi 5.0 基本配置之二

第 4 步，选择"Network Adapters"，确定选择某张网卡进行配置，如图 1-22 所示，按【Enter】键继续。

图 1-22   ESXi 5.0 基本配置之三

第 5 步，默认情况一般是 vmnci0，如图 1-23 所示，此时选择 vmnic5 进行配置，按【Enter】键继续。

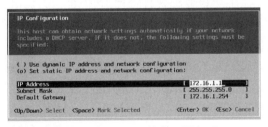

图 1-23   ESXi 5.0 基本配置之四

第 6 步，选择网卡后返回到图 1-22 所示的界面，选择"IP Configuration"，对 IP 进行配置，按【Enter】键进入配置界面。

第 7 步，选择"Set static Ip address and network configuration"，配置静态 IP 地址、子网掩码、默认网关，如图 1-24 所示，按【Enter】键完成配置。

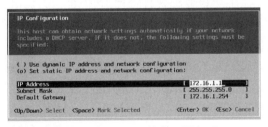

图 1-24   ESXi 5.0 基本配置之五

第 8 步，系统会询问是否确定修改管理网络配置，如图 1-25 所示，确定按【Y】继续。

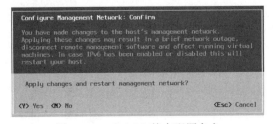

图 1-25   ESXi 5.0 基本配置之六

第 9 步，管理 IP 配置完成，右侧显示为 "172.16.1.1"，如图 1-26 所示。

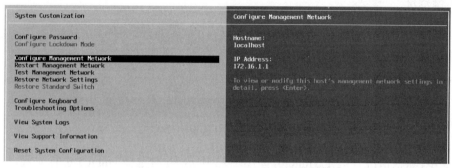

图 1-26 ESXi 5.0 基本配置之七

第 10 步，回到图 1-22 所示的界面，选择 "DNS Configuration"，对 DNS 地址进行配置，如图 1-27 所示，按【Enter】键完成配置。

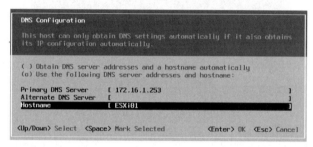

图 1-27 ESXi 5.0 基本配置之八

1.5.2 使用 vSphere Client 管理 ESXi 主机

我们已经安装好 ESXi01 主机并配置好管理 IP 地址，之后可以通过 VMware vSphere Client 连接到 ESXi01（172.16.1.1）主机进行操作。

1. 获取 vSphere Client

如果购买了正式版，在安装光盘中可以找到 VMware vSphere Client 安装程序。如果未购买，可以直接在 VMware 官方网站进行下载，也可以通过访问 ESXi01（172.16.1.1）主机地址 https://172.16.1.1 进行下载。

2. 安装 vSphere Client

VMware vSphere Client 的安装方式相当简单，使用默认方式即可完成安装。

3. 使用 vSphere Client 管理 ESXi 主机

第 1 步，运行 VMware vSphere Client，输入 IP 地址 "172.16.1.1"，用户名为 "root"，密码为 "password"，如图 1-28 所示，单击 "登录（L）" 按钮。

第 2 步，系统出现 "安全警告"，如图 1-29

图 1-28 vSphere Client 管理 ESXi 主机之一

所示，勾选"安装此证书并且不显示 172.16.1.1 的任何安全警告"，单击"忽略（I）"按钮。

　　第 3 步，进入 VMware vSphere Client 的管理界面，出现"VMware 评估通知"窗口，如图 1-30 所示，由于使用的是评估版本，所以会有此提示，单击"确定"按钮。

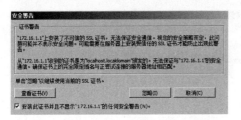

图 1-29　vSphere Client 管理 ESXi 主机之二　　　　图 1-30　vSphere Client 管理 ESXi 主机之三

　　第 4 步，由于安装的是中文版的 VMware vSphere Client，所以操作界面是中文的。VMware 公司对于故障的解释多数是以英文方式实现的，因此建议将操作界面修改为英文。在 VMware vSphere Client 图标上单击右键，选择"属性"，切换到"快捷方式"选项卡，如图 1-31 所示，找到"目标（T）"，在……VpxClient.exe 后面添加"-locale en_US"，单击"确定"按钮。

　　第 5 步，运行 VMware vSphere Client，无论是登录界面还是登录后的界面均为英文，如图 1-32、图 1-33 所示。

图 1-31　vSphere Client 管理 ESXi 主机之四　　　　图 1-32　vSphere Client 管理 ESXi 主机之五

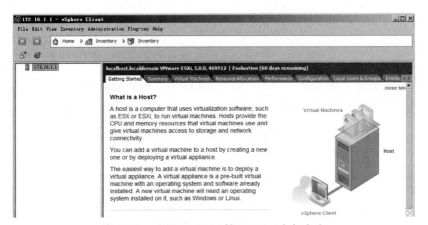

图 1-33　vSphere Client 管理 ESXi 主机之六

第 6 步，对于 ESXi01（172.16.1.1）主机的关机，通常使用 VMware vSphere Client 来实现，在 ESXi01（172.16.1.1）主机上单击右键，选择"Enter Maintencace Mode"（维护模式），如图 1-34 所示。

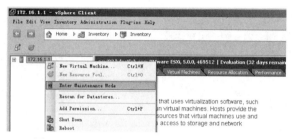

图 1-34   vSphere Client 管理 ESXi 主机之七

第 7 步，系统提示 ESXi 如果使用维护模式，虚拟机将全部关闭或迁移到其他 ESXi 主机，如图 1-35 所示，单击"Yes"按钮。

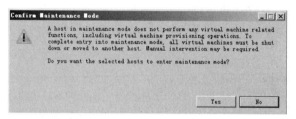

图 1-35   vSphere Client 管理 ESXi 主机之八

第 8 步，ESXi01（172.16.1.1）主机已进入维护模式，在 ESXi01（172.16.1.1）主机上单击右键，选择"Shut Down"，如图 1-36 所示。

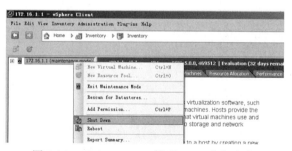

图 1-36   vSphere Client 管理 ESXi 主机之九

第 9 步，系统提示将关闭 ESXi01（172.16.1.1）主机，可以输入备注信息，即为什么关闭，如图 1-37 所示，单击"OK"按钮。

图 1-37   vSphere Client 管理 ESXi 主机之十

1.5.3　使用 SSH 命令行管理 ESXi 主机

ESXi 的核心也是基于 Linux 的，当 ESXi 主机出现故障无法正常启动的时候，可能会用到命令行模式。5.0 版本的 SSH 命令行管理模式默认是关闭的，将它打开并通过 SecureCRT 软件进行连接。

第 1 步，使用 VMware vSphere Client 登录 ESXi01（172.16.1.1）主机，选择 "Troubleshooting Options"，如图 1-38 所示，按【Enter】键继续。

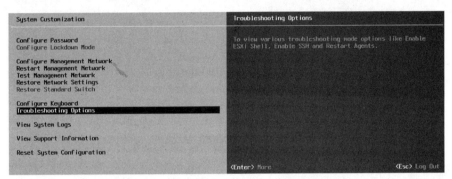

图 1-38　使用 SSH 命令行管理 ESXi 主机之一

第 2 步，选择 "Enable SSH"，打开 SSH，如图 1-39 所示，按【Enter】键即可打开。

图 1-39　使用 SSH 命令行管理 ESXi 主机之二

第 3 步，运行 SecureCRT 软件，新建一个连接，如图 1-40 所示，协议选择 SSH2。

第 4 步，输入 ESXi01（172.16.1.1）主机的 IP 地址，端口默认 22，如图 1-41 所示，其他使用默认选项，单击 "确定" 按钮。

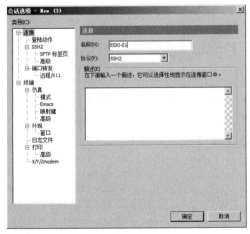

图 1-40　使用 SSH 命令行管理 ESXi 主机之三

图 1-41　使用 SSH 命令行管理 ESXi 主机之四

第 5 步，出现"新建主机密钥"窗口，如图 1-42 所示，单击"接受并保存（S）"按钮。

第 6 步，出现"输入 SSH 用户名"窗口，如图 1-43 所示，输入 ESXi 主机的用户名 root，单击"确定"按钮。

图 1-42 使用 SSH 命令行管理 ESXi 主机之五

图 1-43 使用 SSH 命令行管理 ESXi 主机之六

第 7 步，出现"Keyboard Interactive Authentication"窗口，如图 1-44 所示，输入 ESXi01（172.16.1.1）主机密码，单击"确定"按钮。

第 8 步，成功登录 ESXi01（172.16.1.1）主机，如图 1-45 所示。

图 1-44 使用 SSH 命令行管理 ESXi 主机之七

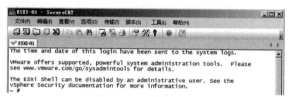
图 1-45 使用 SSH 命令行管理 ESXi 主机之八

第 9 步，输入 VMware-v 命令查看 ESXi01（172.16.1.1）主机版本，如图 1-46 所示。

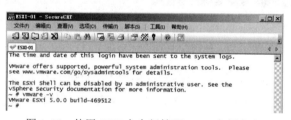
图 1-46 使用 SSH 命令行管理 ESXi 主机之九

1.6 本章小结

本章的实战操作使用 DELL PowerEdge 1950-01 服务器成功安装了 ESXi 5.0，并且配置了管理 IP 地址，打开了 SSH 命令行，在客户机成功安装了 VMware vSphere Client 工具并连接到 ESXi 进行管理。无论是在虚拟机还是在物理机上安装 ESXi 5.0，都需要注意以下几点。

- CPU 虚拟化

ESXi 主机安装要求 CPU 必须支持虚拟化，虽然部分不支持虚拟化的 CPU 也能安装，但很多高级特性将不能使用或 ESXi 主机性能会受到影响。

- 阵列卡的支持

ESXi 主机对阵列卡的要求比较高，一般主流服务器的阵列卡基本都自带驱动，而兼容机主板上自带的阵列卡或一些杂牌的阵列卡不一定能得到支持，如果不能确定是否支持请访问 VMware 官方网站查看硬件兼容性列表。

- 网卡的支持

VMware 对网卡的要求也比较高，对 Intel 和 Broadcom 两大厂商支持得最好，如果不能确定是否支持请访问 VMware 官方网站查看硬件兼容性列表。

- 硬盘的支持

ESXi 主机支持主流的 SATA、SAS、SSD 硬盘，vSphere 5.0 版本不支持旧的 IDE 硬盘。

- 虚拟机安装 ESXi

使用虚拟机方式安装 ESXi 时需要注意 VMware Workstation 的版本，8.0 以上的版本都可以成功安装 ESXi 5.0。

读者只要注意以上几点，就基本上能够在虚拟机或物理服务器上安装 ESXi 5.0，让 ESXi 主机跑起来是第一步，现在让我们继续步入 vSphere 虚拟化的世界吧。

第 2 章　安装 VMware vCenter Server

在第 1 章介绍 vSphere 虚拟化架构时，提到了 VMware vCenter Server（简称 vCenter Server 或 VC），它是 VMware vSphere 虚拟化架构中重要的管理工具。通过 VMware vSphere Client 登录到 vCenter Server 可以管理 ESXi 主机以及虚拟机，并且可以实现 vSphere 虚拟化架构的所有高级特性，例如 vMotion、DRS、HA、FT 等。本章将介绍如何安装 Windows 版和 Linux 版的 vCenter Server，以及如何实现 vCenter Server 双机热备，最后介绍对 vCenter Server 以及 ESXi 主机授权。

本章要点

- vCenter Server 介绍
- 安装 Windows 版 vCenter Server
- 安装 Linux 版 vCenter Appliance
- 安装 vCenter Server Heartbeat
- 安装 vSphere Web Client

2.1　VMware vCenter Server 介绍

2.1.1　理解 vCenter Server

vCenter Server 是 vSphere 虚拟化架构中的核心管理工具（如图 2-1 所示），利用 vCenter Server 可以集中管理多个 ESXi 主机及其虚拟机。

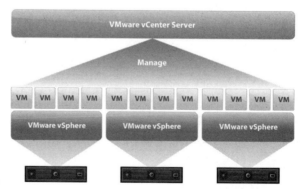

图 2-1　VMware vCenter Server 管理架构

安装、配置和管理 vCenter Server 不当可能会导致管理效率降低，或者导致 ESXi 主机和虚拟机停机。

每个 vCenter Server 最多可以管理 1000 台主机。

每个 vCenter Server 最多可以管理 10 000 个虚拟机。

2.1.2　vCenter Server 体系结构

vCenter Server 由 ESXi 主机、vSphere Client 客户端、vCenter Server、存储、活动目录等几部分构成，其中活动目录不是必需的，如图 2-2 所示。

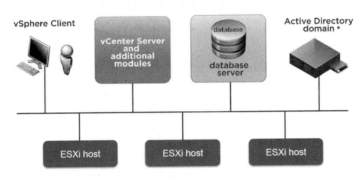

图 2-2　vCenter Server 体系结构

2.1.3　vCenter Server 组件

vCenter Server 包括数据库服务器、核心服务、用户访问接口、vSphere API 接口等组件，如图 2-3 所示。

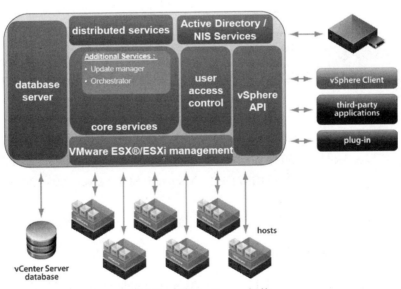

图 2-3　vCenter Server 组件

2.2 安装 Windows 版 VMware vCenter Server

2.2.1 准备安装环境

首先需要确定 vCenter Server 是安装在物理服务器还是安装在虚拟机。vSphere 虚拟化架构支持将 vCenter Server 安装在 ESXi 主机上。

本节实战操作将 vCenter Server 安装在 ESXi01（172.16.1.1）主机上，也就是使用虚拟机方式安装，安装前需要了解 vCenter Server 对硬件以及操作系统的要求。

1. 硬件条件

VMware 官方发布了安装 vCenter Server 的硬件要求，如表 2-1 所示。

表 2-1　　　　　　　　　　　安装 vCenter Server 的硬件要求

设备硬件	条　　件
所需的磁盘空间	最低＝7GB 最高＝82GB
设备内存分配	对于包含 1 到 10 台主机或 1 到 100 个虚拟机的部署，分配 4GB。 对于包含 10 到 100 台主机或 100 到 1000 个虚拟机的部署，分配 8GB。 对于包含 100 到 400 台主机或 1000 到 4000 个虚拟机的部署，分配 13GB。 对于包含超过 400 台主机或 4000 个虚拟机的部署，分配 17GB。
处理器	2 个虚拟 CPU（默认）

2. 操作系统要求

安装 vCenter Server 必须使用 64 位版本的 Windows 系统，Windows Server 2003 或 Windows Server 2008 的 64 位版都可以正常安装。

3. 数据库要求

vCenter Serve 支持多种数据库，在安装文件中集成 Mircrosoft SQL 2008 R2 Express，但只能支持 5 个 ESXi 主机以及 50 个虚拟机，数量有限制。大型应用环境推荐外部数据库，目前，vCenter Serve 支持的数据库有 IBM DB2、Microsoft SQL Server 2005 / 2008、Oracle 10g。

4. 安装介质

可以访问 VMware 官方网站下载 60 天的评估版本，无任何功能限制。

2.2.2 安装 vCenter Server

第 1 步，在 ESXi01（172.16.1.1）主机上准备好 Windows Server 2008 虚拟机（虚拟机创建参考第 6 章相关内容），安装 vCenter Server 需要.NET Framework 3.5 支持，Windows 2008 Server 已集成了此组件，通过"服务管理器"中的"功能"添加，如图 2-4 所示，单

击"添加所需的角色服务（A）"按钮。

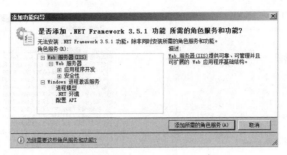

图 2-4　安装 vCenter Server 之一

第 2 步，在准备好的 Windows Server 2008 虚拟机上挂载 vCenter Server 安装文件 ISO。

第 3 步，选择安装"vCenter Server"，如图 2-5 所示，单击"安装"按钮。

图 2-5　安装 vCenter Server 之二

第 4 步，选择安装语言，默认为"中文（简体）"，如图 2-6 所示，单击"确定"按钮。

第 5 步，安装程序会检测操作系统是否安装 IIS 服务，如图 2-7 所示，单击"是（Y）"按钮。

图 2-6　安装 vCenter Server 之三

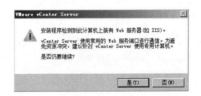

图 2-7　安装 vCenter Server 之四

第 6 步，进入安装向导，如图 2-8 所示，单击"下一步（N）"按钮。

第 7 步，出现"最终用户专利协议"，如图 2-9 所示，单击"下一步（N）"按钮。

第 8 步，选择"我同意许可协议中的条款（A）"，如图 2-10 所示，单击"下一步（N）"按钮。

第 9 步，输入客户信息，如图 2-11 所示，如果购买了许可证密钥，输入即可，如果没有购买许可证密钥，单击"下一步（N）"按钮。

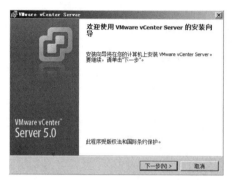

图 2-8　安装 vCenter Server 之五

图 2-9　安装 vCenter Server 之六

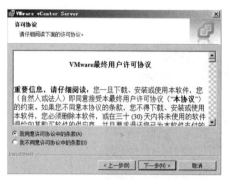

图 2-10　安装 vCenter Server 之七

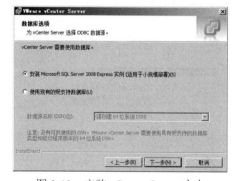

图 2-11　安装 vCenter Server 之八

第 10 步，设置 vCenter Server 使用的数据库类型，选择"安装 Microsoft SQL Server 2008 R2 Express 实例（适用于小规模部署）"，如图 2-12 所示，单击"下一步（N）"按钮。

第 11 步，设置"vCenter Server 服务"。设置 vCenter Server 使用什么账户，勾选"使用 SYSTEM 帐户"，如图 2-13 所示，单击"下一步（N）"按钮。

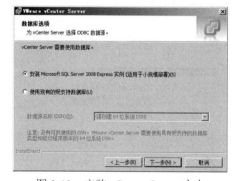

图 2-12　安装 vCenter Server 之九

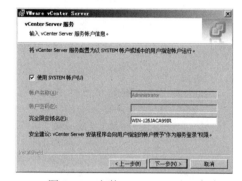

图 2-13　安装 vCenter Server 之十

第 12 步，设置 vCenter Server 安装文件夹，如图 2-14 所示，单击"下一步"继续。

第 13 步，设置 vCenter Server 的链接安装模式，如果是 vSphere 虚拟化架构中的第一台 vCenter Server，选择"创建独立 VMware vCenter Server 实例"，如图 2-15 所示，单击"下一步（N）"按钮。

图 2-14　安装 vCenter Server 之十一

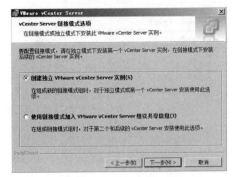

图 2-15　安装 vCenter Server 之十二

第 14 步，配置 vCenter Server 端口，如图 2-16 所示，单击"下一步（N）"按钮。

第 15 步，如果默认端口被占用，会出现图 2-17 所示的"以下端口号无效或已使用"窗口，单击"确定"按钮。

图 2-16　安装 vCenter Server 之十三

图 2-17　安装 vCenter Server 之十四

第 16 步，修改占用的端口后会出现警告窗口，如图 2-18 所示，单击"确定"按钮。

第 17 步，配置 Inventory Service 的端口，如图 2-19 所示，单击"下一步（N）"按钮。

图 2-18　安装 vCenter Server 之十五

图 2-19　安装 vCenter Server 之十六

第 18 步，配置"vCenter Server JVM 内存"，根据实际情况选择即可，此处选择"小（S）：（主机少于 100 台或虚拟机少于 1000 台）"，如图 2-20 所示，单击"下一步（N）"按钮。

第 19 步，此处不勾选"选择此选项增加可用极短端口的数量"，如图 2-21 所示，因为实战环境不可能同时打开 2000 个虚拟机电源，单击"安装（I）"按钮。

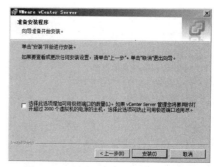

图 2-20　安装 vCenter Server 之十七　　　　　图 2-21　安装 vCenter Server 之十八

第 20 步，进入安装过程，如图 2-22 所示，等待解压文件。

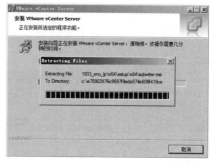

图 2-22　安装 vCenter Server 之十九

第 21 步，安装 Microsoft SQL Server 2008 R2 Express 嵌入式数据库，如图 2-23 所示。

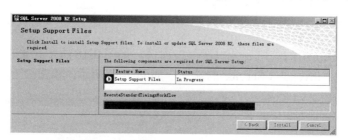

图 2-23　安装 vCenter Server 之二十

第 22 步，等待一段时间后，结束 vCenter Server 安装，如图 2-24 所示，单击"完成（F）"按钮。

图 2-24　安装 vCenter Server 之二十一

2.2.3　ESXi 主机加入 vCenter Server

通过 2.2.2 小节的操作，已经安装好了 Windows 版的 vCenter Server，现在将 ESXi01（172.16.1.1）主机加入 vCenter Server，由 vCenter Server 对 ESXi 主机进行统一配置与管理。

第 1 步，使用 VMware vSphere Client 登录 vCenter Server。

第 2 步，输入用户名及密码，注意这里使用的是安装 vCenter Server 的 Windows Server 2008 虚拟机管理员账户和密码，如图 2-25 所示，单击"Login"按钮。

第 3 步，系统安全警告提示，安装 vCenter Sever 提供的证书，勾选"Install this certificate and do not display any security warnings for '172.16.1.150'"，如图 2-26 所示，单击"Ignore"（忽略）按钮。

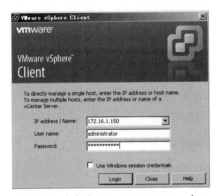

图 2-25　主机加入 vCenter Server 之一

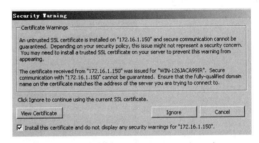

图 2-26　主机加入 vCenter Server 之二

第 4 步，进入 vCenter Server 操作界面，由于安装的时候使用的是评估模式，所以会弹出"60 天评估期"的提示，如图 2-27 所示，单击"OK"按钮。

第 5 步，vCenter Server 是以数据中心模式存在的，要将 ESXi01 主机加入管理，必须先创建新的数据中心，在 vCenter Server 上单击右键，选择"New Datacenter"，如图 2-28 所示。

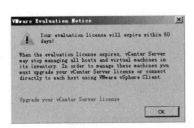

图 2-27　主机加入 vCenter Server 之三

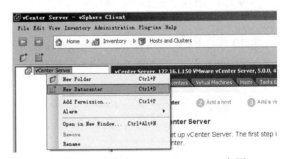

图 2-28　主机加入 vCenter Server 之四

第 6 步，使用"New Datacenter"作为数据中心的名称，如图 2-29 所示。

第 7 步，在"New Datacenter"上单击右键，选择"Add Host（添加主机）"，将 ESXi01（172.16.1.1）主机添加进 vCenter Server，如图 2-30 所示。

图 2-29　主机加入 vCenter Server 之五

图 2-30　主机加入 vCenter Server 之六

第 8 步，进入添加向导，提示输入 ESXi 主机的 IP 地址、用户名以及密码，如图 2-31 所示，单击"Next"按钮。

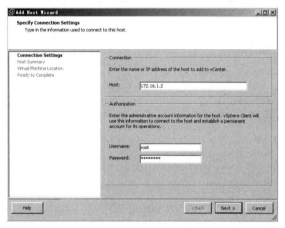

图 2-31　主机加入 vCenter Server 之七

第 9 步，出现"Security Alert"（安全警告）窗口，如图 2-32 所示，单击"是（Y）"按钮。

第 10 步，出现"Duplicate Management"窗口，询问是否通过 vCenter Server 管理此主机，如图 2-33 所示，单击"是（Y）"按钮。

图 2-32　主机加入 vCenter Server 之八

图 2-33　主机加入 vCenter Server 之九

第 11 步，显示准备加入 vCenter Server 管理的 ESXi 主机信息，如图 2-34 所示，单击"Next"按钮。

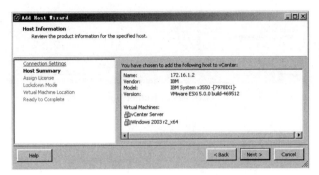

图 2-34　主机加入 vCenter Server 之十

第 12 步，提示输入"Assign License"，使用 60 天评估模式，如图 2-35 所示，单击"Next"按钮。

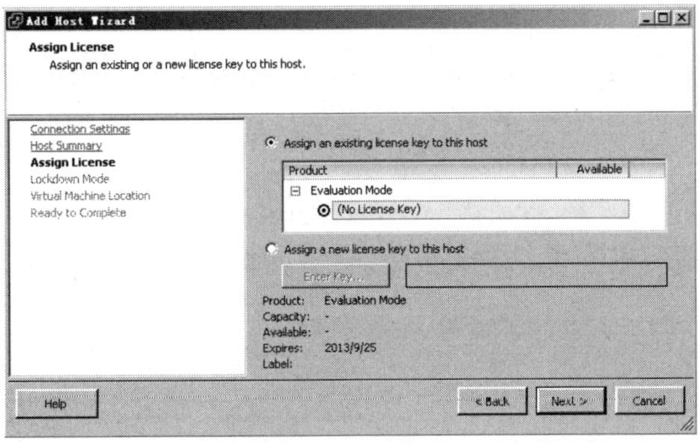

图 2-35　主机加入 vCenter Server 之十一

第 13 步，提示是否配置"Lockdown Mode"模式，如图 2-36 所示，如果勾选，只能通过 vCenter Server 进行管理，单击"Next"按钮。

图 2-36　主机加入 vCenter Server 之十二

第 14 步，选择存放 ESXi 主机的位置，选择"New Datacenter"，如图 2-37 所示，单击"Next"按钮。

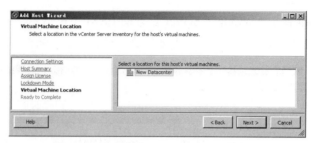

图 2-37　主机加入 vCenter Server 之十三

第 15 步，完成准备操作，如图 2-38 所示，单击"Finish"按钮。

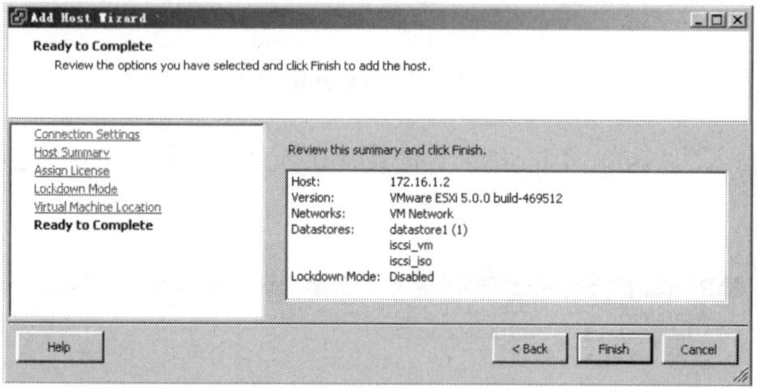

图 2-38　主机加入 vCenter Server 之十四

第 16 步，ESXi 主机已经添加进 vCenter Server，如图 2-39 所示，读者可以与登录到 ESXi 主机的界面对比一下，看看有什么区别。

图 2-39　主机加入 vCenter Server 之十五

2.3　安装 Linux 版 VMware vCenter Server Appliance

在 2.2 小节中，我们成功安装了 Windows 版 vCenter Server。需要注意的是，如果使用 Windows 版，除了需要购买 vCenter Server 授权外，还需要单独购买 Windows 系统的授权。

vSphere 5.0 提供了 VMware vCenter Server Appliance，作为在 Windows 版 vCenter Server 的替代方法。vCenter Server Appliance 是预配置好的基于 Linux 的虚拟机，针对运行 vCenter Server 及关联服务进行了优化。

VMware vCenter Server Appliance 是以 OVF（Open Virtualization Format：开放虚拟化格式）方式提供的，可以通过 VMware 官方网站进行下载。

什么是 OVF？OVF 文件是一种开源的文件规范，描述了一个开源、安全、有效、可拓展的便携式虚拟打包以及软件分布格式，它一般由几个部分组成，分别是 ovf 文件、mf 文件、cert 文件、vmdk 文件和 iso 文件。可以简单地理解它是一个装好特殊应用程序的虚拟机，只要导入 ESXi 主机，经过配置就可以正常运行。

Linux 版 vCenter Server Appliance 与 Windows 版 vCenter Server 比较，区别如下。

① Linux 版不支持 Microsoft SQL Server 和 IBM DB2。

② Linux 版不支持链接模式配置。

③ vCenter Server Appliance 5.0.1 版和 5.1 版对嵌入式数据库使用 PostgreSQL 而非 IBM DB2（IBM DB2 在 vCenter Server Appliance 5.0 中使用）。

④ Linux 版嵌入式数据库支持为 5 台 ESXi 主机和 50 个虚拟机管理，超出这些限制会引起许多问题，其中包括导致 vCenter Server 停止响应。

2.3.1　准备安装环境

1．硬件要求

vCenter Server Appliance 采用的是 OVF 直接部署在虚拟机上，其本身是基于 Linux 系统的，它对硬件资源的要求实际上和基于 Windows 版 vCenter Server 基本一致，推荐配置 2 个 vCPU 以及 4GB 内存。

2．OVF 文件

访问 VMware 官方网站下载 vCenter Server Appliance 5.1。在编写本书的时候，VMware 官方已经发布了 5.1 版本。和之前发布的 5.0 版本比较，5.1 版本提供了更高的稳定性以及安全性，它也支持 ESXi 主机管理以及大部分高级特性，所以在本节实战操作中将使用 5.1 版本。下载完成后注意检查文件的数量以及大小。

2.3.2　安装 vCenter Server Appliance

第 1 步，使用 VMware vSphere Client 登录 Windows 版 vCenter Server。

第 2 步，点击 "File" 菜单中的 "Deploy OVF Template"，如图 2-40 所示。

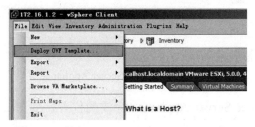

图 2-40　导入 vCenter Server Appliance 之一

第 3 步，在"Deploy from a file or URL"选项中浏览 OVF 文件，如图 2-41 所示，单击"Next"按钮。

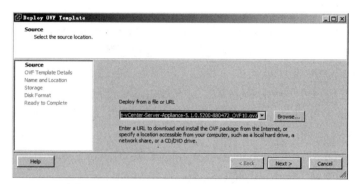

图 2-41　导入 vCenter Server Appliance 之二

第 4 步，对"VMware vCenter Server Appliance"信息进行确认，如图 2-42 所示，单击"Next"按钮。

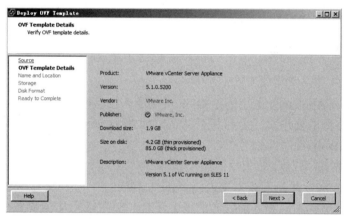

图 2-42　导入 vCenter Server Appliance 之三

第 5 步，对通过 OVF 产生的虚拟机进行命名，如图 2-43 所示，单击"Next"按钮。

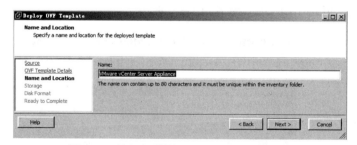

图 2-43　导入 vCenter Server Appliance 之四

第 6 步，选择 vCenter Server Appliance 存放的位置，如图 2-44 所示，点击"Next"继续。

第 7 步，选择磁盘格式，如图 2-45 所示，在这里选择的是"Thin Provision"（精简盘），单击"Next"按钮。关于磁盘格式的信息，请参考第 5 章相关内容。

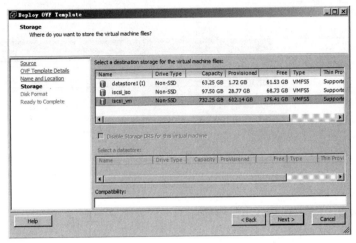

图 2-44 导入 vCenter Server Appliance 之五

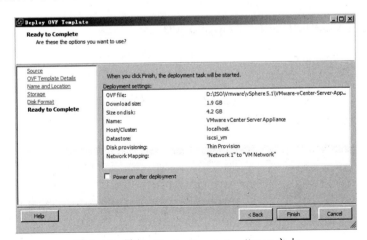

图 2-45 导入 vCenter Server Appliance 之六

第 8 步，完成准备操作，如图 2-46 所示，单击"Finish"按钮。

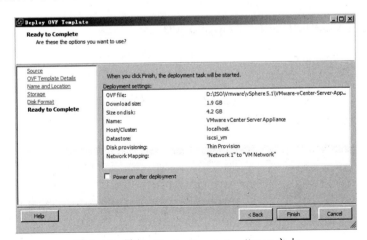

图 2-46 导入 vCenter Server Appliance 之七

第 9 步，开始安装 vCenter Server Appliance，如图 2-47 所示。

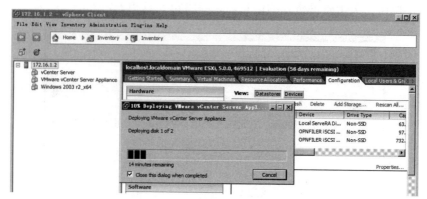

图 2-47　导入 vCenter Server Appliance 之八

第 10 步，安装完成后，ESXi01（172.16.1.1）主机上会出现"VMware vCenter Server Appliance"虚拟机，如图 2-48 所示。

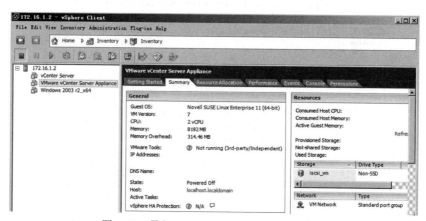

图 2-48　导入 vCenter Server Appliance 之九

2.3.3　配置 vCenter Server Appliance

vCenter Server Appliance 虚拟机安装完成后不能立即使用，还需要进行一些必要的配置才能正常使用。

第 1 步，在"vCenter Server Appliance"上单击右键，选择"Power"→"Power On"，打开 vCenter Server Appliance 电源，如图 2-49 所示。

图 2-49　配置 vCenter Server Appliance 之一

第 2 步，在 "vCenter Server Appliance" 上单击右键，选择 "Open Console"，打开虚拟机控制窗口，如图 2-50 所示。

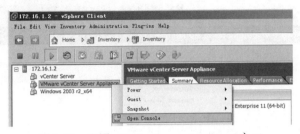

图 2-50 配置 vCenter Server Appliance 之二

第 3 步，通过图 2-51 可以看到 vCenter Server Appliance 虚拟机的运行情况，实际是使用 Novell SUSE Linux Enterprise 操作系统的虚拟机。

图 2-51 配置 vCenter Server Appliance 之三

第 4 步，vCenter Server Appliance 虚拟机启动完成后如图 2-52 所示。

图 2-52 配置 vCenter Server Appliance 之四

第 5 步，使用浏览器访问 https://192.168.1.223:5480 进行配置，物理实战环境中有 DHCP 服务器，通过图 2-52 可以看到 vCenter Server Appliance 已经获取到 IP 地址。在登录的过程中特别注意使用的是 https，默认端口为 5480，输入初始用户名为 root，密码为 vmware，如图 2-53 所示，单击 "Login" 按钮。

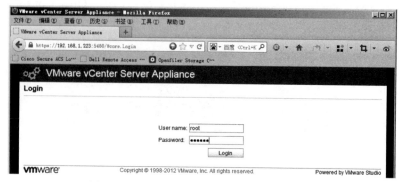

图 2-53　配置 vCenter Server Appliance 之五

第 6 步，第一次登录会出现"VMWARE END USER LICENSE AGREEMENT"（VMWARE 最终用户许可协议），勾选"Accept license agreement"，如图 2-54 所示，单击"Next"按钮。

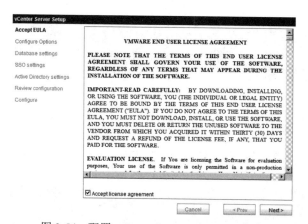

图 2-54　配置 vCenter Server Appliance 之六

第 7 步，进入"Configure Options"，选择"Configure with default settings"（使用默认配置），如图 2-55 所示，单击"Next"按钮。

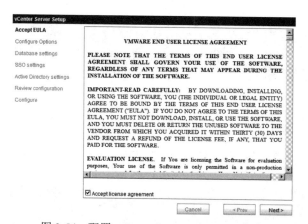

图 2-55　配置 vCenter Server Appliance 之七

第 8 步，系统提示将使用嵌入式数据库，如图 2-56 所示，单击"Start"按钮。

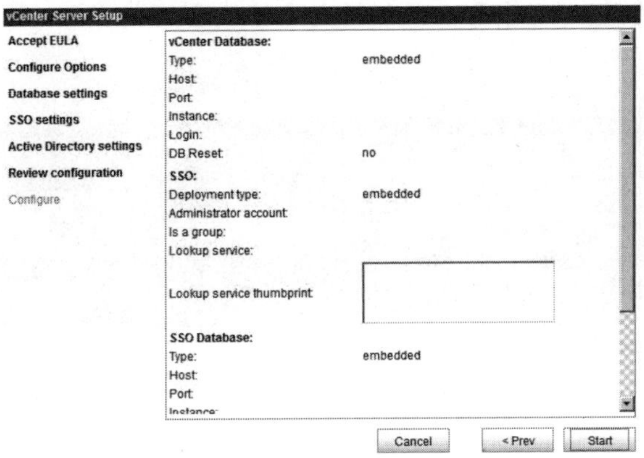

图 2-56   配置 vCenter Server Appliance 之八

第 9 步，开始配置 Database，如图 2-57 所示。

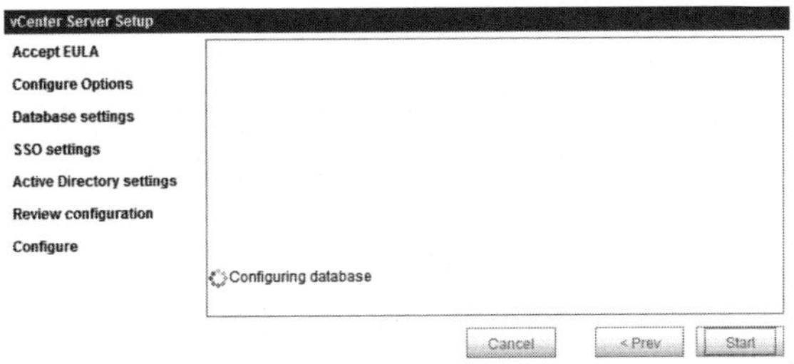

图 2-57   配置 vCenter Server Appliance 之九

第 10 步，Database 配置完成，开始配置 SSO，如图 2-58 所示。

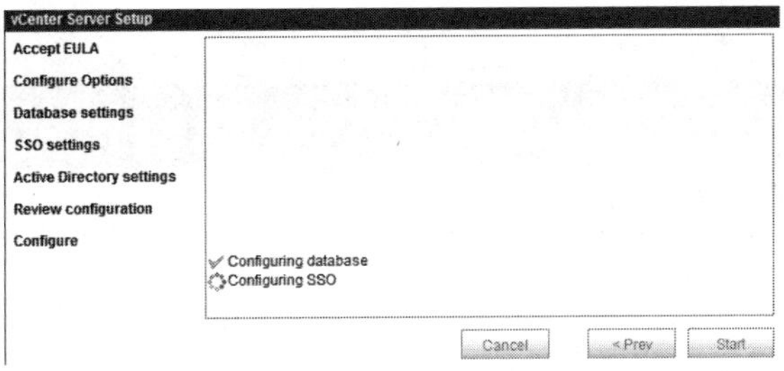

图 2-58   配置 vCenter Server Appliance 之十

第 11 步，配置完成，启动 vCenter Server，如图 2-59 所示。

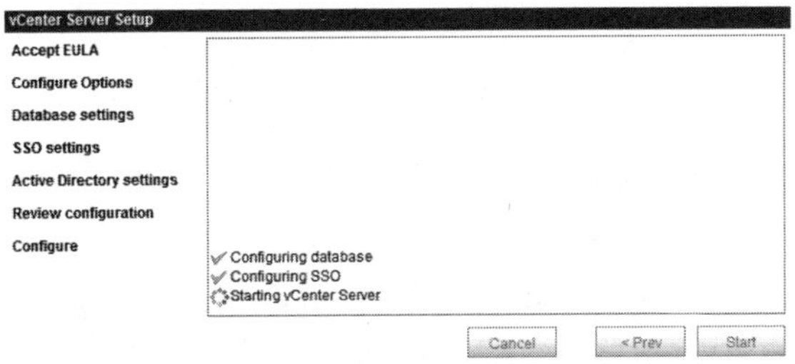

图 2-59   配置 vCenter Server Appliance 之十一

第 12 步，使用浏览器访问 https://192.168.1.223:5480，通过图 2-60 可以看到 vCenter Server 的 2 个主要服务 Server 和 Inventory Service 状态均为"Running"，说明服务已成功启动。

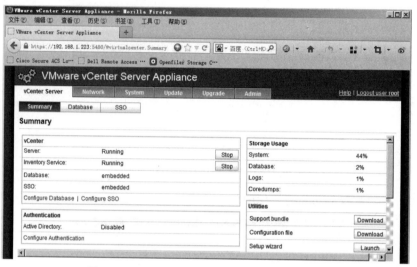

图 2-60　配置 vCenter Server Appliance 之十二

第 13 步，vCenter Server Appliance 目前是通过 DHCP 获取 IP 地址，不符合 IP 地址规范，单击"Network"菜单中的"Address"，输入静态 IP 地址，如图 2-61 所示，修改完成后单击"Save Settings"按钮。

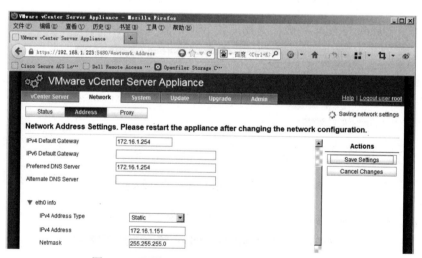

图 2-61　配置 vCenter Server Appliance 之十三

第 14 步，单击"System"菜单中的"Reboot"，重新启动 vCenter Server Appliance，出现图 2-62 所示的提示，单击"Reboot"按钮。

第 15 步，使用 VMware vSphere Client 登录 vCenter Server Appliance，默认用户名为 root，密码 vmware，如图 2-63 所示，单击"Login"按钮。

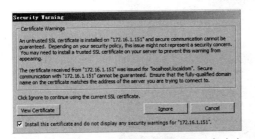

图 2-62　配置 vCenter Server Appliance 之十四

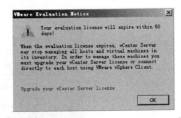

图 2-63　配置 vCenter Server Appliance 之十五

第 16 步，系统安全警告提示，安装 vCenter Sever 提供的证书，勾选"Install this certificate and do not display any security warnings for "172.16.1.151"，如图 2-64 所示，单击"Ignore"（忽略）按钮。

第 17 步，进入 vCenter Server 操作界面，vCenter Server Appliance 同样需要安装授权。由于我们没有授权，所以会出现"60 天评估期"的提示，如图 2-65 所示，单击"OK"按钮。

图 2-64　配置 vCenter Server Appliance 之十六

图 2-65　配置 vCenter Server Appliance 之十七

第 18 步，点击"home"查看所有选项，如图 2-66 所示。读者可以看看，vCenter Server Appliance 与基于 Windows 版本的有什么区别。

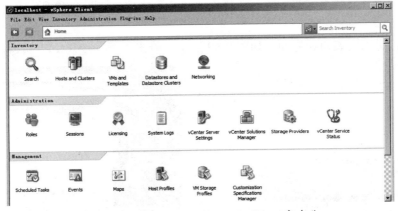

图 2-66　配置 vCenter Server Appliance 之十八

2.4 安装 VMware vSphere Web Client

VMware vSphere Web Client 是使用浏览器对 vCenter Server 进行管理的工具，是 VMware vSphere Client 工具的一种延伸，方便管理员在没有安装 VMware vSphere Client 的客户端上进行操作。由于 VMware vSphere Web Client 使用浏览器方式进行操作，因此它不具备 vCenter Server 的完整功能，主要用于监控 ESXi 主机、虚拟机的运行状态以及对 ESXi 主机、虚拟机进行简单管理操作。

2.4.1 安装 vSphere Web Client

在本节实战操作中，将 VMware vSphere Web Client 安装在第 2.2 节已经建好的 Windows 版 vCenter Server 上。

第 1 步，在 vCenter Server 虚拟机上挂载安装 ISO，选择"VMware vSphere Web Client（Server）"，如图 2-67 所示，单击"安装"按钮。

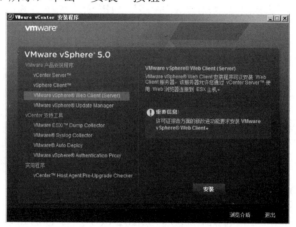

图 2-67　安装 vSphere Web Client 之一

第 2 步，选择安装语言的种类，选择"中文（简体）"，如图 2-68 所示，单击"确定"按钮。

第 3 步，进入安装向导界面，如图 2-69 所示，单击"下一步（N）"按钮。

图 2-68　安装 vSphere Web Client 之二

图 2-69　安装 vSphere Web Client 之三

第 4 步，显示"最终用户专利协议"，如图 2-70 所示，单击"下一步（N）"按钮。

第 5 步，选择"我同意许可协议中的条款（A）"，如图 2-71 所示，单击"下一步（N）"按钮。

图 2-70　安装 vSphere Web Client 之四

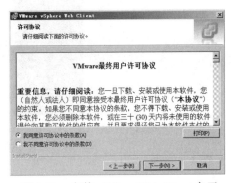

图 2-71　安装 vSphere Web Client 之五

第 6 步，输入"客户信息"，如图 2-72 所示，单击"下一步（N）"按钮。

第 7 步，设置 VMware vSphere Web Client 端口号，默认 HTTP 端口和 HTTPS 端口号分别为 9090、9443，如图 2-73 所示，单击"下一步（N）"按钮。

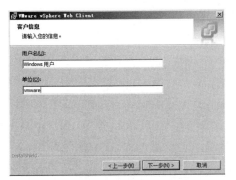

图 2-72　安装 vSphere Web Client 之六

图 2-73　安装 vSphere Web Client 之七

第 8 步，设置目标文件，如图 2-74 所示，单击"下一步（N）"按钮。

第 9 步，准备安装，如图 2-75 所示，单击"安装（I）"按钮。

图 2-74　安装 vSphere Web Client 之八

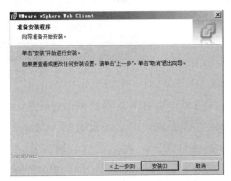

图 2-75　安装 vSphere Web Client 之九

第 10 步，完成安装，如图 2-76 所示，单击"完成（F）"按钮。

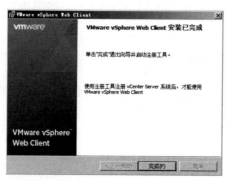

图 2-76　安装 vSphere Web Client 之十

2.4.2　配置 vSphere Web Client

第 1 步，使用浏览器访问 https://localhost:9443/vsphere-client，登录 vSphere Web Client，提示"此网站安全证书有问题"，如图 2-77 所示，单击"继续浏览此网站（不推荐）"。

图 2-77　配置 vSphere Web Client 之一

第 2 步，如果客户端没有安装 Adobe Flash 插件，会出现图 2-78 所示的提示，请下载安装。

图 2-78　配置 vSphere Web Client 之二

第 3 步，使用浏览器访问 https://localhost:9443/vsphere-client，进入 VMware vSphere Web Client 管理界面，由于还没有将 vCenter Server 注册到 VMware vSphere Web Client 上，所以服务器选择为空，无法进行登录操作，如图 2-79 所示。

第 4 步，使用浏览器访问 https://localhost:9443/admin-app，打开 VMware vSphere Web Client 管理工具注册界面，如图 2-80 所示。

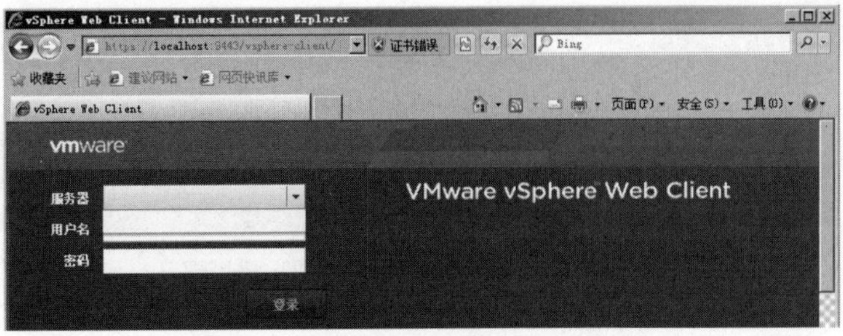

图 2-79　配置 vSphere Web Client 之三

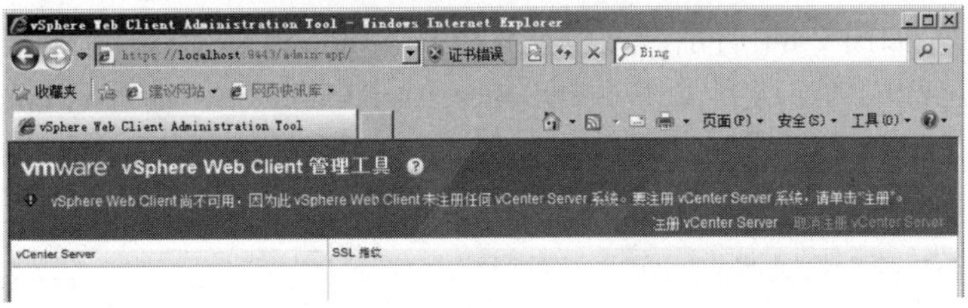

图 2-80　配置 vSphere Web Client 之四

第 5 步，输入需要注册的 vCenter Server 名称或 IP、用户名、密码，以及登录的信息，如图 2-81 所示，单击"注册"按钮。

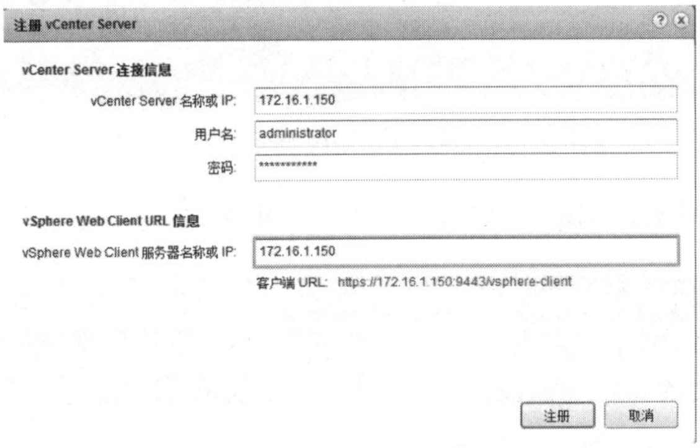

图 2-81　配置 vSphere Web Client 之五

第 6 步，出现"证书警告"窗口，勾选"安装此证书，且不显示该服务器的任何安全警告，如图 2-82 所示，单击"忽略"按钮。

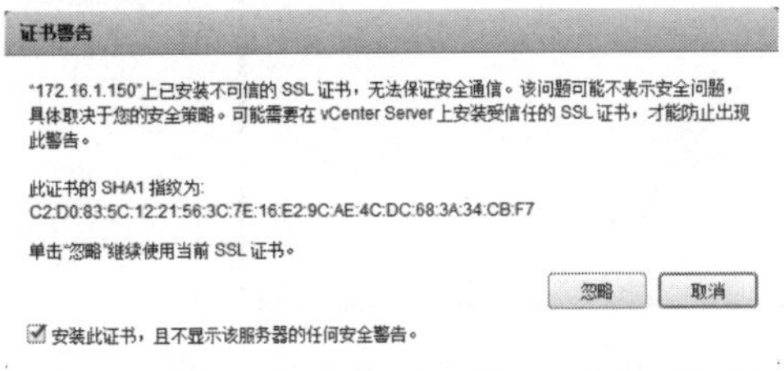

图 2-82　配置 vSphere Web Client 之六

第 7 步，vCenter Server 成功注册到 VMware vSphere Web Client 中，如图 2-83 所示。

图 2-83　配置 vSphere Web Client 之七

第 8 步，使用浏览器访问 https://localhost:9443/vsphere-client，进入 VMware vSphere Web Client 管理界面，如图 2-84 所示，可以看到基于 Windows 版且 IP 地址为 172.16.1.150 的 vCenter Server 已经成功注册到 VMware vSphere Web Client 中，输入 vCenter Server 的用户名和密码，单击"登录"按钮。

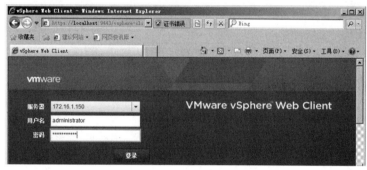

图 2-84　配置 vSphere Web Client 之八

第 9 步，进入 VMware vSphere Web Client 欢迎界面，如图 2-85 所示。

图 2-85　配置 vSphere Web Client 之九

第 10 步，VMware vSphere Web Client 可进行的常规管理工作如图 2-86、图 2-87 所示。

图 2-86　配置 vSphere Web Client 之十

图 2-87　配置 vSphere Web Client 之十一

2.5　安装 VMware vCenter Server Heartbeat

vCenter Server 在整个 vSphere 虚拟化架构中非常重要，所有高级特性都必须依靠它才能实现。无论是使用 Windows 版还是 Linux 版的 vCenter Server，都要尽可能避免 vCenter Server 出现故障，所以对它采取保护措施是十分有必要的。

本书第 10 章会介绍 Fault Tolerance（容错）的高级特性，使用此特性可以在不同的 ESXi 主机上实现虚拟机的双机热备。当一台 ESXi 主机出现故障，另外一台会立即接替工作，不会出现服务中断的情况。但此特性会存在一些限制，并不一定适用于 vCenter Server 的双机热备。

vSphere 5.0 提供了 vCenter Server Heartbeat 工具，可以让 vCenter Server 形成双机热备。目前该工具最新的版本是 V6.5，支持物理机到物理机、物理机到虚拟机、虚拟机到虚拟机各个环境的基于 Windows 版 vCenter Server 的双机热备。

2.5.1 准备安装环境

vCenter Server Heartbeat 的安装与其他工具的安装有一些区别，首先来了解一下安装的需求。

1. 安装主机

vCenter Server Heartbeat 必须安装在基于 Windows 版 vCenter Server 上，物理机和虚拟机均可。

2. 网卡

除日常管理所使用的网卡外，必须增加一张网卡，用于创建 Heartbeat（心跳）网络。

3. Public IP（公共 IP）与 Management IP（网络 IP）

安装 vCenter Server Heartbeat 的主机除日常管理 IP 地址外，还需要设置一个公共 IP 地址，配置完成后使用公共 IP 地址登录 vCenter Server。

4. 安装介质

vCenter Server Heartbeat 属于 vSphere 组件，可通过 VMware 官方网站下载。

2.5.2 安装 vCenter Server Heartbeat

第 1 步，由于双机热备需要 2 台 vCenter Server 虚拟机，所以必须在 vCenter Server 虚拟机基础上克隆一台出来，在 vCenter Server 上单击右键，选择"Clone"（克隆），如图 2-88 所示。

第 2 步，输入克隆后虚拟机的名称 vCenter Server Heartbeat，如图 2-89 所示，单击"Next"按钮。

图 2-88　安装 vCenter Server Heartbeat 之一

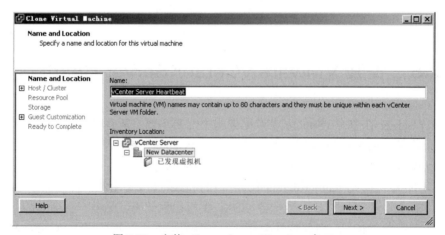

图 2-89　安装 vCenter Server Heartbeat 之二

第 3 步，设置克隆后虚拟机放置的 ESXi 主机。为了便于区分，克隆的 vCenter Server 放置在 ESXi02（172.16.1.2）主机上，选择主机后系统会进行校验，若通过会出现"Validation succeeded"（验证通过），如图 2-90 所示，单击"Next"按钮。

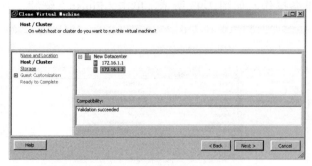

图 2-90　安装 vCenter Server Heartbeat 之三

第 4 步，选择虚拟硬盘格式以及虚拟机文件存放的位置。选择"Thick Provision Lazy Zeroed"（厚盘延迟置零），虚拟机文件存放在 iscsi_vm 存储上，如图 2-91 所示，单击"Next"按钮。关于虚拟硬盘格式等问题参考第 6 章相关内容。

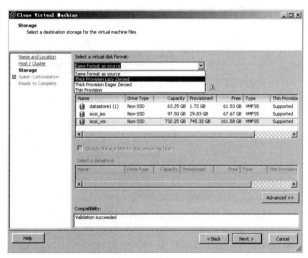

图 2-91　安装 vCenter Server Heartbeat 之四

第 5 步，是否对克隆的虚拟机操作系统进行配置，选择"Do not customize"（不自定义），如图 2-92 所示，单击"Next"按钮。

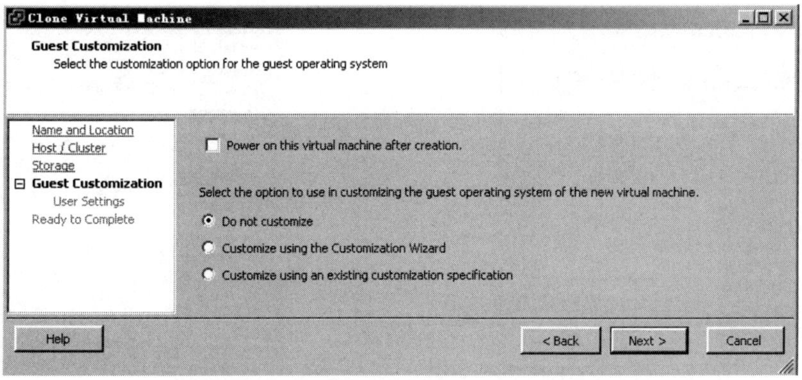

图 2-92　安装 vCenter Server Heartbeat 之五

第 6 步，完成准备操作，如图 2-93 所示，单击"Finish"继续。

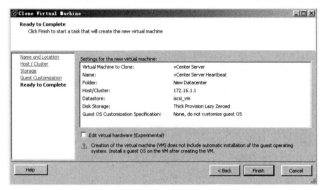

图 2-93 安装 vCenter Server Heartbeat 之六

第 7 步，开始克隆，如图 2-94 所示，等待一段时间后克隆完成。

图 2-94 安装 vCenter Server Heartbeat 之七

第 8 步，打开 vCenter Server 虚拟机控制窗口，配置其中一张网卡为心跳网络，默认网卡名称为"本地连接"，修改为"Heartbeat"，配置 IP 地址为 172.17.1.1，如图 2-95 所示，单击"确定"按钮。

第 9 步，配置 vCenter Server 虚拟机另一张网卡，设置 Public IP 地址 172.16.1.160，如图 2-96 所示，单击"确定"按钮。

图 2-95 安装 vCenter Server Heartbeat 之八   图 2-96 安装 vCenter Server Heartbeat 之九

第 10 步，修改网卡属性中的 DNS，取消勾选"在 DNS 中注册此连接的地址"，如图 2-97 所示，再修改 NetBIOS 设置，选择"禁用 TCP/IP 上的 NetBIOS"，如图 2-98 所示，单击"确定"按钮。

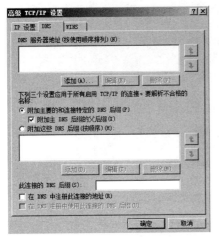

图 2-97 安装 vCenter Server Heartbeat 之十（1）

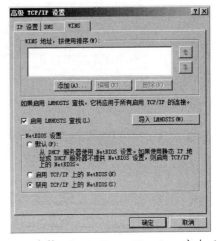

图 2-98 安装 vCenter Server Heartbeat 之十（2）

第 11 步，在 vCenter Server 虚拟机（以下称为 vCenter01）上安装 vCenter Server Heartbeat，进入安装向导，如图 2-99 所示，选择"Install VMware vCenter Server Heartbeat"，单击"下一步（N）"按钮。

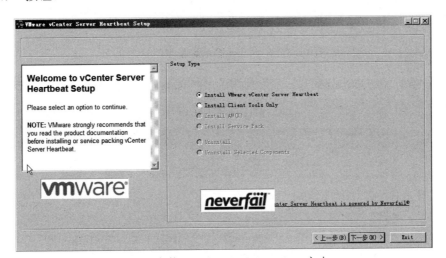

图 2-99 安装 vCenter Server Heartbeat 之十一

第 12 步，出现"Server Identity"（服务器标识），确定正在安装的是"Primary"（主）还是"Secondary"（此处翻译为从），如图 2-100 所示，正在安装的这台是主 vCenter Server，选择"Primary"，单击"下一步（N）"按钮。

第 13 步，选择"I accept terms of the License Agreement"，接受最终用户协议，如图 2-101 所示，单击"下一步（N）"按钮。

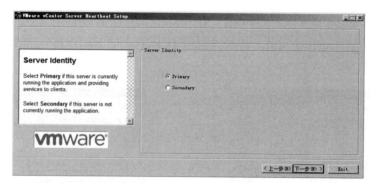

图 2-100　安装 vCenter Server Heartbeat 之十二

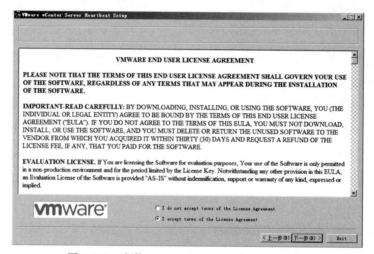

图 2-101　安装 vCenter Server Heartbeat 之十三

第 14 步，提示输入授权信息，由于使用的是评估版本，在此不输入，如图 2-102 所示，单击"下一步（N）"按钮。

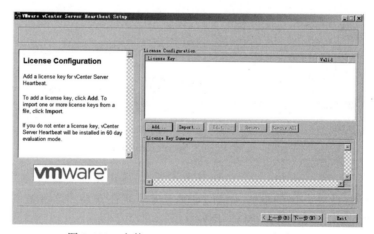

图 2-102　安装 vCenter Server Heartbeat 之十四

第 15 步，提示选择 vCenter Server 双机热备的拓扑结构，如图 2-103 所示，本节实战操作是在局域网模式下进行的，选择"LAN"模式，单击"下一步（N）"按钮。

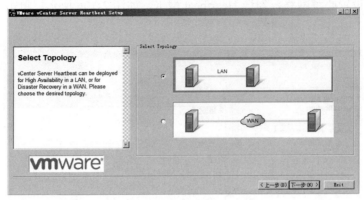

图 2-103   安装 vCenter Server Heartbeat 之十五

第 16 步，系统询问 Sencondary 是克隆出来的虚拟机还是物理服务器，如图 2-104 所示，我们使用的是克隆虚拟机，选择"Secondary Server is Virtual"，单击"下一步（N）"按钮。

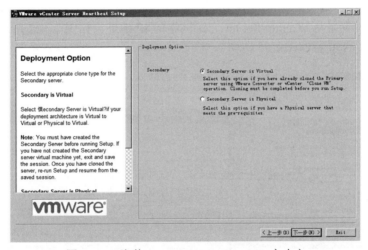

图 2-104   安装 vCenter Server Heartbeat 之十六

第 17 步，设置安装的路径，勾选创建桌面图标，如图 2-105 所示，单击"下一步（N）"按钮。

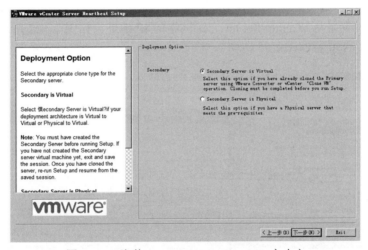

图 2-105   安装 vCenter Server Heartbeat 之十七

第 18 步，设置心跳网络，勾选 Heartbeat 网卡，如图 2-106 所示，单击"下一步（N）"继续。

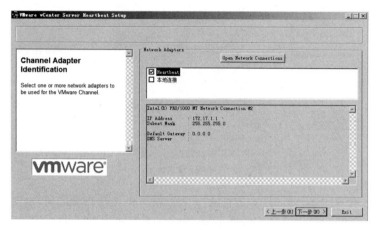

图 2-106　安装 vCenter Server Heartbeat 之十八

第 19 步，设置主从 vCenter Server 心跳网络的 IP 地址，如图 2-107 所示，输入分配好的 IP 地址，单击"下一步（N）"按钮。

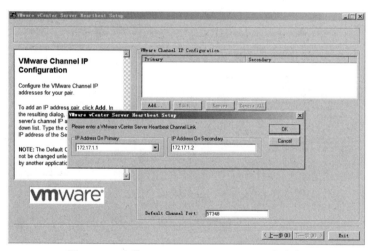

图 2-107　安装 vCenter Server Heartbeat 之十九

第 20 步，由于 vCenter02 虚拟机还未配置，检测不到心跳网络 172.17.1.2 这个地址，提示 2 个选项：选择"是（Y）"重新设置 vCenter02 虚拟机的心跳网络地址，选择"否（N）"继续使用刚设置的地址，如图 2-108 所示，单击"否（N）"按钮。

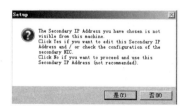

图 2-108　安装 vCenter Server Heartbeat 之二十

第 21 步，确认心跳网络 IP 地址以及端口号，如图 2-109 所示，单击"下一步（N）"按钮。

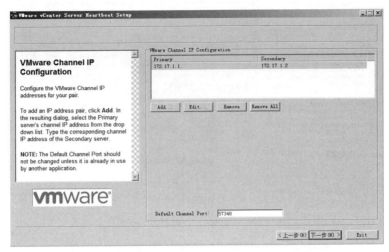

图 2-109　安装 vCenter Server Heartbeat 之二十一

第 22 步，设置公共 IP 地址，勾选"本地连接"，如图 2-110 所示，单击"下一步（N）"按钮。

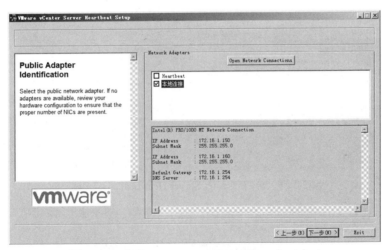

图 2-110　安装 vCenter Server Heartbeat 之二十二

第 23 步，选择设置好的公共 IP 地址 172.16.1.160，如图 2-111 所示，单击"OK"按钮。

第 24 步，确认公共 IP 地址，如图 2-112 所示，单击"下一步（N）"按钮。

第 25 步，确认主从 vCenter Server 的管理 IP 地址是否正确，如图 2-113 所示，单击"下一步（N）"按钮。

第 26 步，设置主从 vCenter Server 的名字，如图 2-114 所示，单击"下一步（N）"按钮。

第 27 步，设置客户端连接端口，默认端口为 52267，如图 2-115 所示，单击"下一步（N）"按钮。

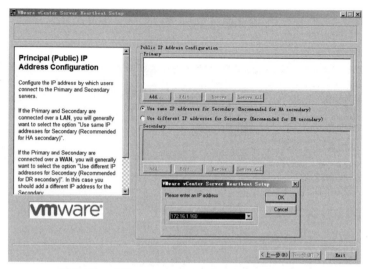

图 2-111 安装 vCenter Server Heartbeat 之二十三

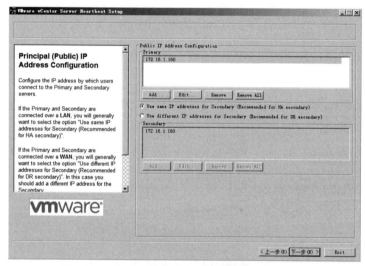

图 2-112 安装 vCenter Server Heartbeat 之二十四

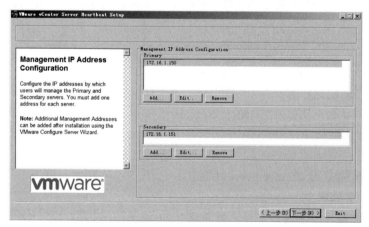

图 2-113 安装 vCenter Server Heartbeat 之二十五

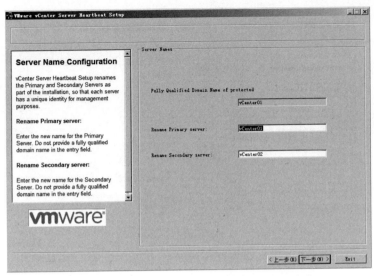

图 2-114 安装 vCenter Server Heartbeat 之二十六

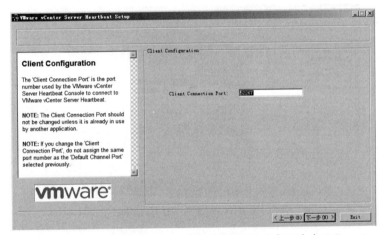

图 2-115 安装 vCenter Server Heartbeat 之二十七

第 28 步，提示主 vCenter Server 名字与现在设置的相同，如图 2-116 所示，单击"是（Y）"按钮。

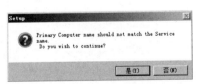

图 2-116 安装 vCenter Server Heartbeat 之二十八

第 29 步，选择应用程序保护，输入 vCenter Server 的用户名及密码，如图 2-117 所示，单击"下一步（N）"按钮。

第 30 步，系统提示需要输入共享文件夹，用于存放主从 vCenter Server 创建时的一些交换信息，如图 2-118 所示，直接使用 Windows 创建一个共享文件即可，共享文件夹赋予读写权限，单击"下一步（N）"按钮。

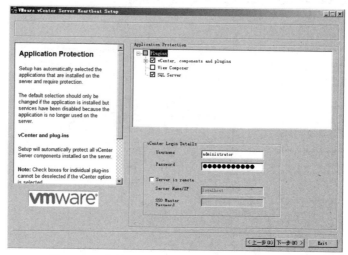

图 2-117　安装 vCenter Server Heartbeat 之二十九

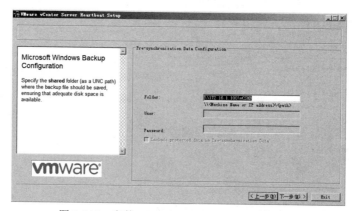

图 2-118　安装 vCenter Server Heartbeat 之三十

第 31 步，显示安装汇总的信息，如图 2-119 所示，单击"下一步（N）"按钮。

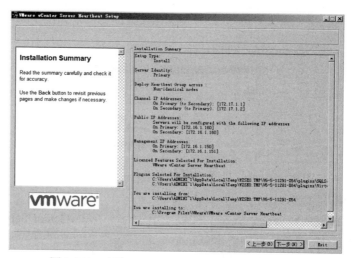

图 2-119　安装 vCenter Server Heartbeat 之三十一

第 32 步，校验安装，如图 2-120 所示，单击"下一步（N）"按钮。

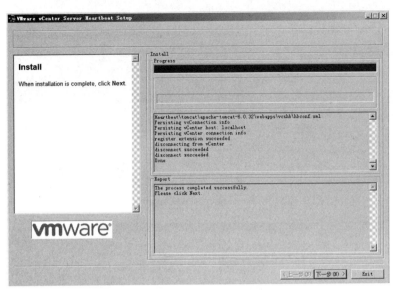

图 2-120 安装 vCenter Server Heartbeat 之三十二

第 33 步，开始安装，如图 2-121 所示，单击"下一步（N）"按钮。

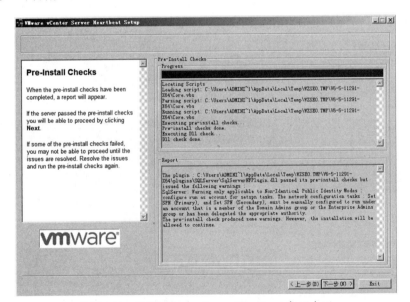

图 2-121 安装 vCenter Server Heartbeat 之三十三

第 34 步，过滤包的安装，如图 2-122 所示，单击"下一步（N）"按钮。

第 35 步，完成安装，如图 2-123 所示，单击"Finish"按钮。

第 36 步，提示重启系统，如图 2-124 所示，单击"是（Y）"按钮。

第 37 步，上面已经完成主 vCenter Server（vCenter01）虚拟机的安装，下面开始从 vCenter Server（vCenter02）虚拟机的安装。运行安装程序，如图 2-125 所示，选择"Install VMware vCenter Server Heartbeat"，单击"下一步（N）"按钮。

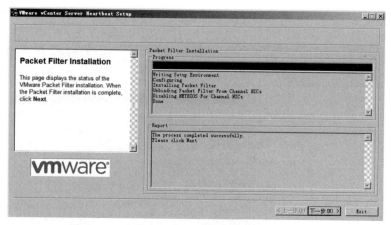

图 2-122 安装 vCenter Server Heartbeat 之三十四

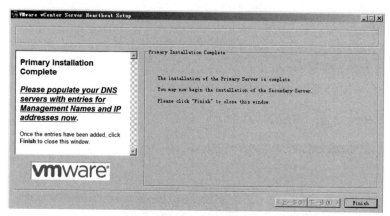

图 2-123 安装 vCenter Server Heartbeat 之三十五

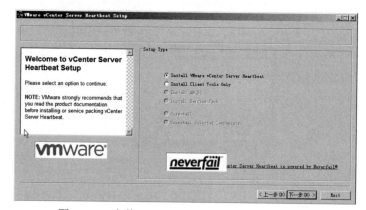

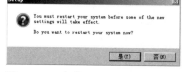

图 2-124 安装 vCenter Server
Heartbeat 之三十六

图 2-125 安装 vCenter Server Heartbeat 之三十七

第 38 步，出现"Server Identity"（服务器标识），vCenter01 选择的是主服务器，vCenter02 应该选择"Secondary"，如图 2-126 所示，单击"下一步（N）"按钮。

第 39 步，vCenter02 需要和 vCenter01 交换信息，使用刚才的共享文件夹，如图 2-127 所示，单击"下一步（N）"按钮。

第 40 步，校验安装，与 vCenter01 虚拟机图 2-120 相同，单击"下一步（N）"按钮。

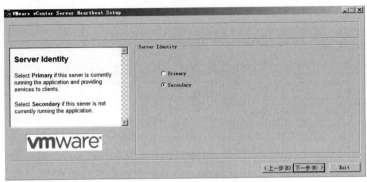

图 2-126　安装 vCenter Server Heartbeat 之三十八

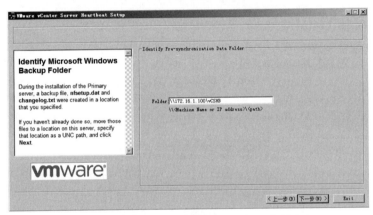

图 2-127　安装 vCenter Server Heartbeat 之三十九

第 41 步，开始安装，与 vCenter01 虚拟机图 2-121 相同，单击"下一步（N）"按钮。

第 42 步，过滤包的安装，与 vCenter01 虚拟机图 2-122 相同，单击"下一步（N）"按钮。

第 43 步，设置心跳网络，双机热备的重点，勾选 Heart 网卡，如图 2-128 所示，单击"下一步（N）"按钮。

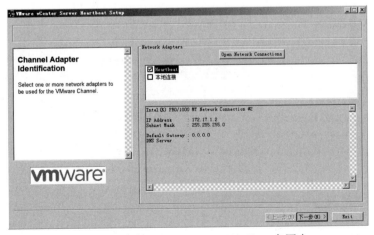

图 2-128　安装 vCenter Server Heartbeat 之四十

第 44 步，设置公用 IP 地址，勾选"本地连接"，如图 2-129 所示，单击"下一步（N）"按钮。

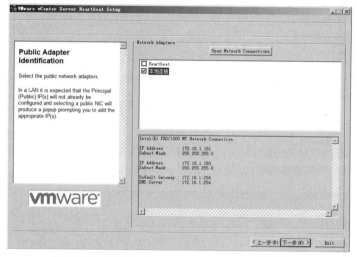

图 2-129　安装 vCenter Server Heartbeat 之四十一

第 45 步，提示输入 vCenter Server 用户名及密码，如图 2-130 所示，单击"OK"按钮。

图 2-130　安装 vCenter Server Heartbeat 之四十二

第 46 步，完成安装，如图 2-131 所示，单击"Finish"按钮。

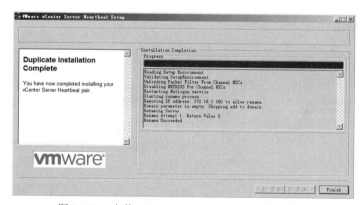

图 2-131　安装 vCenter Server Heartbeat 之四十三

第 47 步，重新启动 vCenter02 虚拟机。

第 48 步，打开 vCenter02 虚拟机的控制窗口，打开"vCenter Server Heartbeat Console"，如果在"Server"→"Group"下没有出现 vCenter02 虚拟机的信息，单击"添加"，输入

vCenter02 虚拟机的管理 IP 地址 172.16.1.151，如图 2-132 所示，单击"OK"按钮。

图 2-132　安装 vCenter Server Heartbeat 之四十四

第 49 步，系统提示输入 vCenter Server 用户名及密码，如图 2-133 所示，单击"OK"按钮。

图 2-133　安装 vCenter Server Heartbeat 之四十五

第 50 步，配置完成，出现图 2-134 所示的界面，vCenter Server 以 Primary/Secondary 模式运行。

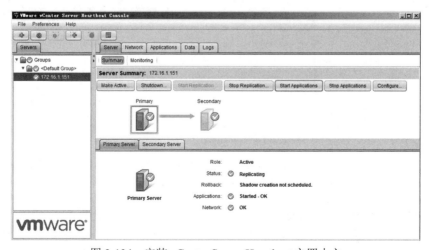

图 2-134　安装 vCenter Server Heartbeat 之四十六

第 51 步，验证一下双机热备是否成功，关闭 vCenter02 虚拟机电源，通过图 2-135 看到公共 IP 地址 172.16.1.160 没有中断的情况，也就是说 vCenter01 在继续提供服务。

图 2-135　安装 vCenter Server Heartbeat 之四十七

第 52 步，关闭 VMware vSphere Client 客户端，重新使用 172.16.1.160 进行登录，如图 2-136 所示，单击"Login"按钮。

图 2-136　安装 vCenter Server Heartbeat 之四十八

第 53 步，进入 vCenter Server 界面，如图 2-137 所示。

图 2-137　安装 vCenter Server Heartbeat 之四十九

安装 vCenter Server Heartbeat 后，2 台虚拟机相当于是双机热备，其中一台 vCenter Server 出现故障，另外一台立即接替工作，而 vCenter Server 提供的服务不会出现中断的情况。

2.6　添加授权

第 1 章安装的 ESXi 5.0 主机以及本章安装的 vCenter Server 使用的都是评估版本，可以免费使用 60 天且无功能限制。本节实战操作介绍如何添加授权。

2.6.1　添加 vCenter Server 授权

第 1 步，使用 VMware vSphere Client 登录 vCenter Server，点击"Administration"菜单中的"vCenter Server Settings"，如图 2-138 所示。

第 2 步，出现"Add License Key"（添加许可证）窗口，输入通过合法渠道取得的授权序列号，如图 2-139 所示，单击"OK"按钮。

图 2-138　添加 vCenter Server 授权之一

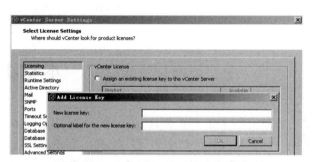

图 2-139　添加 vCenter Server 授权之二

2.6.2　添加 ESXi 主机授权

第 1 步，使用 VMware vSphere Client 登录 vCenter Server，选择需要授权的 ESXi 主机，再选择"Configure"→"Licensed Features"，单击"Edit"，如图 2-140 所示。

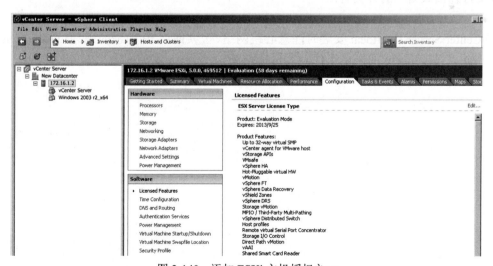

图 2-140　添加 ESXi 主机授权之一

第 2 步，出现"Add License Key"（添加许可证）窗口，输入通过合法渠道取得的授权序列号，如图 2-141 所示，单击"OK"按钮。

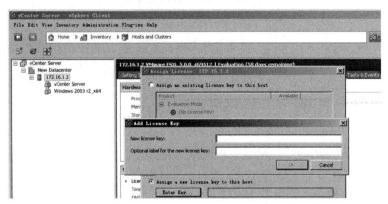

图 2-141 添加 ESXi 主机授权之二

2.7 本章小结

本章介绍了 2 个版本 vCenter Server、Web Client 管理工具、vCenter Server Heartbeat 安装与配置以及如何对它们进行授权，读者需要注意以下几个方面。

- 基于 2 个版本 vCenter Server 的选择

使用 Windows 版提供完整的功能，但需要额外购买 Windows 系统授权。

- vCenter Server Appliance 的缺点

只能通过 ESXi 主机进行部署。

不支持链接模式配置。

支持外接数据库的种类有限。

- vCenter Server Heartbeat

vCenter Server Heartbeat 安装时注意心跳网络、公共网络 IP 地址的规划。vCenter Server Heartbeat 只是 vShpere 的一个组件，需付费购买。

第 3 章　配置虚拟交换机

在 vSphere 虚拟化环境中，如何让 ESXi 主机以及虚拟机与外部进行通信是一个非常重要的问题。vSphere 提出了 Virtual Switch（虚拟交换机，简称为 vSwitch）这个概念。vSwitch 是 ESXi 主机虚拟出来的交换机，其功能类似于日常使用的 2 层交换机，具有 2 层交换机的大部分功能。本章将介绍 ESXi 主机以及虚拟机如何与外部进行通信，如何让管理流量、虚拟机流量、存储等流量做到分流、冗余、负载均衡。

本章要点

- vSphere Standard Switch（标准交换机）配置
- vSphere Distributed Switch（分布式交换机）配置

3.1　虚拟交换机介绍

3.1.1　标准交换机

vSphere Standard Switch 即标准交换机，简称为 vSS。它是由 ESXi 主机虚拟出来的交换机。安装 ESXi 后，系统会自动创建一个虚拟交换机 vSwitch0。虚拟交换机通过物理网卡实现 ESXi 主机、虚拟机与外界通信。

3.1.2　分布式交换机

vSphere Distributed Switch 即分布式交换机，简称为 vDS。使用 vSS 需要在每台 ESXi 主机上进行网络的配置，如果 ESXi 主机数量较少，vSS 是比较适用的。如果 ESXi 主机数量较多，vSS 就不适用了，否则会大大增加虚拟化架构管理人员的工作量且容易配置出错。此时，使用 vDS 是更好的选择。

vDS 是以 vCenter Server 为中心创建的虚拟交换机，这个虚拟交换机可以跨越多台 ESXi 主机，同时管理多台 ESXi 主机。如果觉得 vDS 性能不够强大，vSphere 虚拟化架构可以使用第三方硬件级虚拟交换机，比较常用的是 Cisco Nexus 1000 交换机。在编写本书的时候，Cisco 已经发布了最新的 Cisco Nexus 7000 交换机。

3.2 ESXi 主机网络组件介绍

3.2.1 物理网卡

第 1 章配置 ESXi01（172.16.1.1）主机时，可以看到主机上安装了多张物理网卡，一般来说，数量是根据生产环境使用情况来决定的。物理网卡是 ESXi 主机进行外部通信的核心，通过网线连接至交换机，也可以作为 ESXi 群集之间的心跳线。通过 vCenter Server 管理平台，我们可以看到命名规则，在 ESXi 主机中，物理网卡名称为 vmnic，第一张物理网卡为 vmnic0，第二张物理网卡为 vmnic1，以此类推。

物理网卡与虚拟交换机相连接，作为虚拟交换机与外部连接的通道，可以通过捆绑的形式实现负载均衡以及冗余功能。如果创建的虚拟交换机没有添加物理网卡，那么这个虚拟交换机将形成孤岛，连接在这个虚拟交换机上的虚拟机无法与外部通信。

需要说明的是，目前服务器上使用的物理网卡除集成的外，增加的一张物理网卡可能具有 2 个或 4 个以太网口，习惯性地将一个以太网口看作一张物理网卡。

3.2.2 虚拟机通信端口

Virtual Machine Port Group 即虚拟机通信端口组，是 ESXi 主机中最基本的通信端口，主要承载 ESXi 主机运行的虚拟机通信流量。安装完成后创建的第一个虚拟交换机 vSwitch0 就包含此端口。

3.2.3 核心通信端口

VMkernel Port 即 VM 核心端口，在 ESXi 主机中，属于特殊的通信端口，需配置固定的 IP 地址。vSphere 虚拟化高级特性 vMotion、HA、FT 等功能都必须通过这个通信端口来实现。VMkernel 命名为 vmk，第一个创建的 VMkernel 称为 vmk0，第二个创建的 VMkernel 称为 vmk1，以此类推。

3.2.4 多网卡负载均衡

如果虚拟交换机与外部通信只有一张物理网卡，那么将无法实现冗余以及流量负载均衡。为实现上述功能，虚拟交换机通常会配置多张物理网卡。

虚拟交换机的 NIC teaming 基本不需要设置就可以直接使用。当一个虚拟交换机有多张网卡时会自动使用 NIC teaming。NIC Teaming 负载均衡有 3 种方式。

1. Originating virtual port ID

基于源虚拟端口 ID 的路由。

2. Source MAC hash

基于源 MAC 哈希的路由。

3. IP base hash

基于 IP 哈希的路由。

3.3　配置标准交换机

第 1 章已经安装好了 ESXi01（172.16.1.1）主机，配置了管理 IP 地址，而其他选项未进行任何配置。本节实战操作将进行多张物理网卡绑定以及负载均衡、基于 VMkernel 的虚拟交换机创建、管理网络的分离。

3.3.1　多网卡绑定以及负载均衡

在 ESXi01（172.16.1.1）主机未进行配置的情况下，vSwitch0 只有一张物理网卡，下面再添加一张物理网卡，让 vSwitch0 实现冗余以及负载均衡。

第 1 步，使用 VMware vSphere Client 登录 ESXi01（172.16.1.1）主机，选择"Home"→"Inventory"→"Inventory"→"Configuration"，如图 3-1 所示。

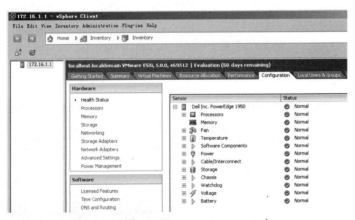

图 3-1　配置 vSphere Standard Switch 之一

第 2 步，选择"Hardware"→"Networking"，出现网络配置界面，如图 3-2 所示。

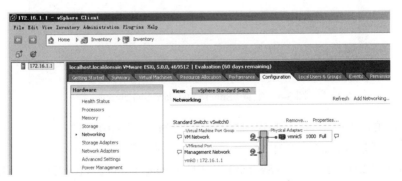

图 3-2　配置 vSphere Standard Switch 之二

第 3 步，通过图 3-2 可以看到目前 ESXi01（172.16.1.1）主机已经默认创建标准虚拟交换机 vSwitch0，在"Physical Adapters"中只有 vmnic5 一张网卡，此网卡承载 VM Network 和 Management Network 流量，如果只使用一张网卡的话，不但不能提供冗余功能，也无法

实现负载均衡。为此，为 vSwitch0 增加一张网卡以便实现上述功能。单击"vSwitch0"→
"Properties"进入配置界面，如图 3-3 所示。

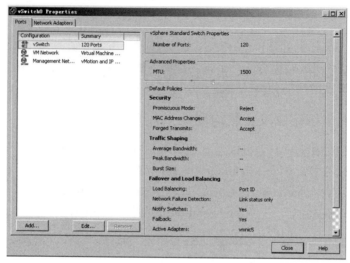

图 3-3　配置 vSphere Standard Switch 之三

第 4 步，选择"Network Adapters"菜单，如图 3-4 所示。

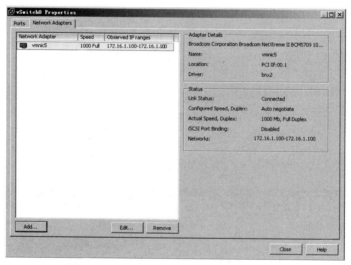

图 3-4　配置 vSphere Standard Switch 之四

第 5 步，单击"Edit"进入配置向导，此处会列出 ESXi01（172.16.1.1）主机所有可用
的网卡信息，勾选 vmnic2，如图 3-5 所示，单击"Next"按钮。

ESXi01（172.16.1.1）主机 vSwitch0 之前使用的是 vmnic5（NetXtreme II BCM5709），
同一张物理网卡的另外一个千兆以太网口是 vmnic4。在此勾选的是 vmnic2（NetXtreme II
5706），目的是让冗余与负载均衡在不同物理网卡上实现，避免单点故障。

第 6 步，配置故障的切换，如图 3-6 所示，单击"Next"按钮。

此处将 vmnic5 以及 vmnic2 都作为 Active Adapters，让 2 张网卡都处于活动状态，以实现冗余与负载均衡。也可以将另外一张网卡设置为 Standby Adapters，当故障发生时才接替工作。如果在只有 2 张网卡的情况下使用此设置，仅能实现冗余功能而不能实现负载均衡。

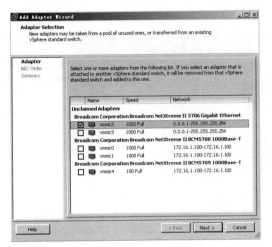

图 3-5　配置 vSphere Standard Switch 之五

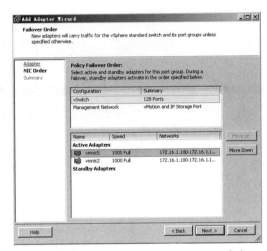

图 3-6　配置 vSphere Standard Switch 之六

第 7 步，完成配置，如图 3-7 所示，单击 "Finsh" 按钮。

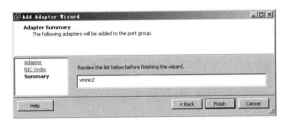

图 3-7　配置 vSphere Standard Switch 之七

第 8 步，在 "vSwitch0 Properties" 窗口中可以看到已经有 vmnic5 以及 vmnic2 2 张网卡，如图 3-8 所示。

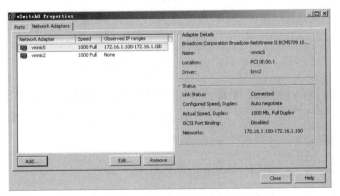

图 3-8　配置 vSphere Standard Switch 之八

第 9 步，回到 "vSwitch0 Properties" → "Ports"，查看后下角 "Failover and Load Balancing" 信息，可以看到 "Failback" 状态为 "yes"，"Active Adapters" 为 "vmnic5、vmnic2"，说

明配置成功，如图 3-9 所示。

第 10 步，点击"Edit"进入"NIC Teaming"配置界面，如图 3-10 所示，可以根据实际应用情况进行调整。

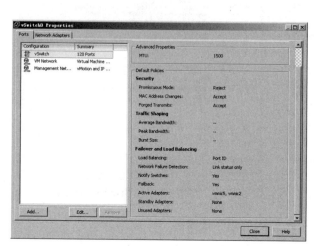

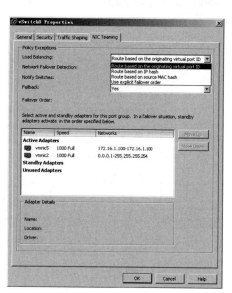

图 3-9　配置 vSphere Standard Switch 之九　　　　图 3-10　配置 vSphere Standard Switch 之十

第 11 步，选择"Configuration"→"Networking"，可以看到 vSwitch0 已经配置了 2 张千兆网卡，如图 3-11 所示。

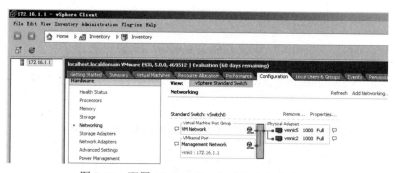

图 3-11　配置 vSphere Standard Switch 之十一

通过以上配置，对 vSwitch0 配置了 2 张物理网卡，vSwitch0 目前可以实施冗余、负载均衡。同时，使用了不同物理网卡的千兆以太网口，避免了由于物理网卡故障而导致的网络中断情况。

3.3.2　创建基于 VMkernel 的标准交换机

在本节实战操作中，我们将在 ESXi01（172.16.1.1）主机上创建基于 VMkernel 的虚拟交换机，vMotion、FT 等高级功能必须使用基于 VMkernel 的通信端口。

第 1 步，选择"Configuration"→"Networking"，点击"Add Networking"，进入配置向导，选择创建连接的类型"VMkernel"，如图 3-12 所示，单击"Next"按钮。

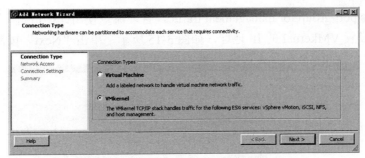

图 3-12　创建基于 VMkernel 的标准交换机之一

第 2 步，选择 VMkernel 使用的网卡，遵循单点故障原则，勾选 vmnic3、vmnic0 作为 VMkernel 通信网卡，如图 3-13 所示，单击"Next"按钮。

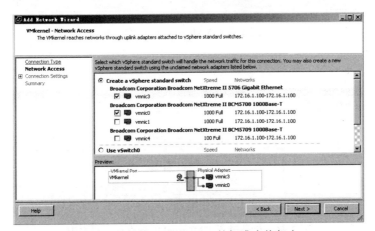

图 3-13　创建基于 VMkernel 的标准交换机之二

第 3 步，对"Network Label"进行命名，如图 3-14 所示，单击"Next"按钮。

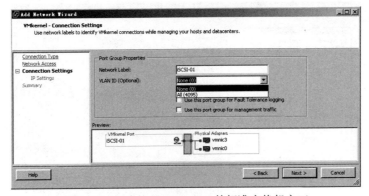

图 3-14　创建基于 VMkernel 的标准交换机之三

参数解释如下。

① VLAN ID，如果划分有 VLAN，请使用 VLAN ID，同时需要对交换机端口进行配置。

② Use this port group for vMotion，vMotion 流量使用此端口组。

③ Use this port group for Fault Tolerance Logging，FT 流量使用此端口组。

④ Use this port group for management traffic，管理流量使用此端口组。

第 4 步，设置 VMkernel 的 IP 地址，如图 3-15 所示，单击"Next"按钮。

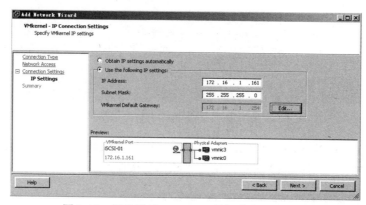

图 3-15　创建基于 VMkernel 的标准交换机之四

第 5 步，配置完成，如图 3-16 所示，点击"Finish"继续。

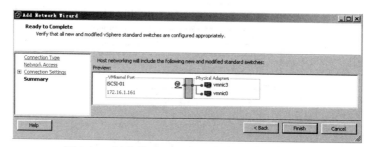

图 3-16　创建基于 VMkernel 的标准交换机之五

第 6 步，选择"vSwitch Properties"→"Ports"，可以看到配置完成，如图 3-17 所示。

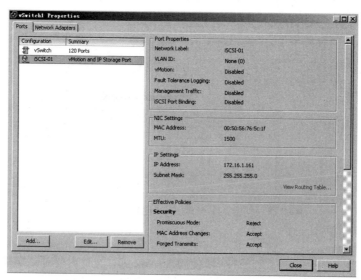

图 3-17　创建基于 VMkernel 的标准交换机之六

第 7 步，在图 3-14 窗口中，没有勾选 vMotion、FT 等选项，可以通过"vSwitch Properties"→"Ports"，单击"Edit"来进行添加，如图 3-18 所示，完成后单击"OK"按钮。

第 8 步，查看"NCI Teaming"设置，默认情况下所有选项是没有激活的，勾选"Policy Exceptions"下的策略选项，打开选择，如图 3-19 所示，可以使用 Move Up 或 Move Down 调整 vmnic 的顺序，此例将 vmnic3、vmnic0 作为激活的选项进行冗余以及负载均衡。

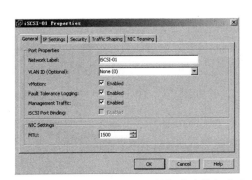

图 3-18　创建基于 VMkernel 的标准交换机之七　　图 3-19　创建基于 VMkernel 的标准交换机之八

第 9 步，通过图 3-20 可以看到新创建的基于 VMkernel 的标准交换机 vSwitch1。

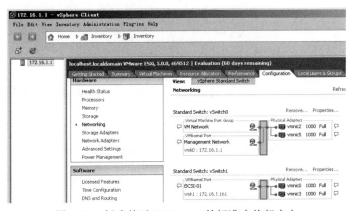

图 3-20　创建基于 VMkernel 的标准交换机之九

3.3.3　分离管理网络

从图 3-11 中可以看出，vSwitch0 承载了 VM Network 以及 Management Network 2 种流量。虽然有 2 张物理网卡进行冗余和负载均衡，但在生产环境中，建议将 VM Network 和 Management Network 流量进行分离。

第 1 步，选择 "Configuration" → "Networking"，点击 "Add Networking"，进入配置向导，使用 "VMkernel" 创建新的端口组。

第 2 步，命名 "Network Label"，勾选 "Use this port group for management traffic"，管理流量使用此端口组，如图 3-21 所示，单击 "Next" 按钮。

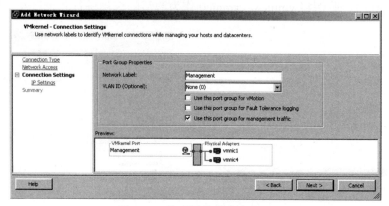

图 3-21　管理网络的分离之一

第 3 步，在 "Use the following IP settings" 输入管理网络的 IP 地址 "172.16.1.3"，如图 3-22 所示，单击 "Next" 按钮。

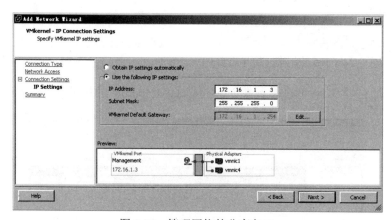

图 3-22　管理网络的分离之二

第 4 步，完成配置，如图 3-23 所示，单击 "Finish" 按钮。

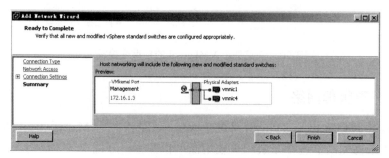

图 3-23　管理网络的分离之三

第 5 步，选择"Configuration"→"Networking"，可以看到新增了标准虚拟交换机 vSwitch2 运行 Management 流量，如图 3-24 所示。

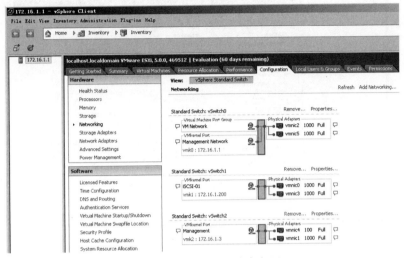

图 3-24　管理网络的分离之四

第 6 步，目前具有 2 个管理网络：172.16.1.1、172.16.1.3。为了完整分享管理流量，需要将 172.16.1.1 从 vSwitch0 中移除，选择 vSwitch0 中的"Properties"→"Ports"→"Management Network"，点击"Remove"，移除管理网络，此时会弹出提示确定是否移除，如图 3-25 所示，单击"是（Y）"按钮。

第 7 步，提示移除 VMkernel prot group 端口将使所有的 NFS 文件系统运行在上面，是否继续，如图 3-26 所示，单击"是（Y）"按钮。

图 3-25　管理网络的分离之五

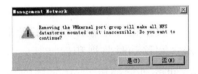

图 3-26　管理网络的分离之六

第 8 步，出现连接警告提示，由于删除了原来的管理网络，此时已经不能通过原管理 IP 地址 172.16.1.1 对 ESXi01 主机进行管理，如图 3-27 所示，单击"Close"按钮。

图 3-27　管理网络的分离之七

第 9 步，使用新的管理 IP 地址 172.16.1.3 登录 ESXi01 主机，可以看到，vSwitch0 没有了原来的管理网络，已经使用 vSwitch2 作为管理网络，如图 3-28 所示。

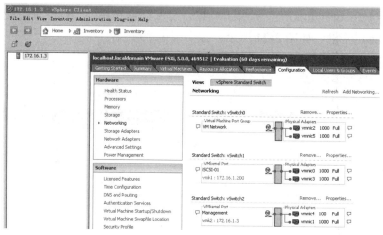

图 3-28　管理网络的分离之八

在生产环境中，对于不同的网络流量一定要让它们分流，这样不仅能够提高安全性，还能规范网络流量，从而提高 ESXi 主机的整体性能。

3.4　配置分布式交换机

vSphere Distributed Switch（分布式交换机），它的功能与标准虚拟交换机并没有太大的区别，可以理解为跨多台 ESX 主机的超级交换机。它把分布在多台 ESXi 主机的标准虚拟交换机逻辑上组成一个"大"交换机。

利用分布式交换机可以简化虚拟机网络连接的部署、管理和监控，为集群级别的网络连接提供一个集中控制点，使虚拟环境中的网络配置不再以主机为单位。

分布式交换机可在虚拟机跨多个主机移动时使其保持网络运行状态。它为虚拟机在物理服务器之间移动时监视和保持其安全性提供了一个框架，允许使用第三方虚拟交换机（如 Cisco Nexus 系列交换机），将常用的物理网络功能和控制扩展到虚拟网络。

对于企业环境来说，vSS 与 vDS 并用，保留管理网络在标准虚拟交换机上，只把其他 VMKernel（如用于访问 IP 存储、Vmotion 等）的网络和 VM 网络迁移到 DVS 上。

3.4.1　分布式交换机创建

本节实战操作将在 vCenter Server 上创建一个分布式交换机。

第 1 步，使用 VMware vSphere Client 登录 vCenter Server，选择"Home"→"Inventory"→"Hosts and Clusters"→"Networking"，如图 3-29 所示。

图 3-29　vSphere Distributed Switch 创建之一

第 2 步，在"New Datacenter"上单击右键，选择"New vSphere Distributed Switch"创建新的分布式虚拟交换机，如图 3-30 所示。

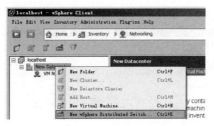

图 3-30 vSphere Distributed Switch 创建之二

第 3 步，进入配置向导，此时会让选择 vSphere Distributed Switch 的版本，根据实际情况选择即可，由于 ESXi 主机使用的是 5.0 版本，此处选择 vSphere Distributed Switch Version:5.0.0，如图 3-31 所示，单击"Next"按钮。

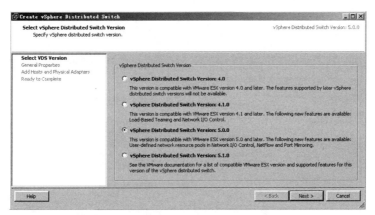

图 3-31 vSphere Distributed Switch 创建之三

第 4 步，命名 vDS，同时设置上联口的数量，一般为主机物理网卡的最大数量，点击"Next"继续，如图 3-32 所示，单击"Next"按钮。

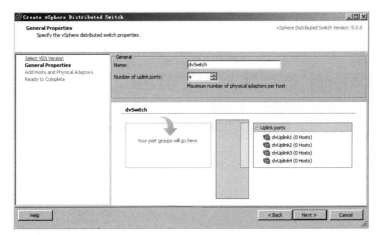

图 3-32 vSphere Distributed Switch 创建之四

第 5 步，添加需要使用 vDS 的主机和物理网卡，此处将 ESXi01（172.16.1.1）和 ESXi02（172.16.1.2）2 台主机添加进 vDS，每台主机使用 2 张物理网卡，如图 3-33 所示，单击"Next"按钮。

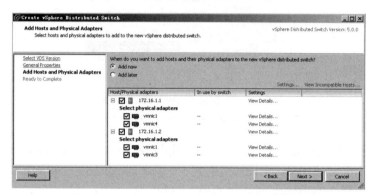

图 3-33　vSphere Distributed Switch 创建之五

第 6 步，完成准备操作，如图 3-34 所示，单击"Finish"按钮。

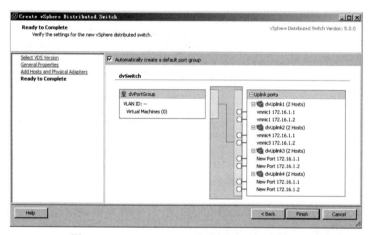

图 3-34　vSphere Distributed Switch 创建之六

第 7 步，选择"Home"→"Inventory"→"Networking"，可以看到新创建的分布式虚拟交换机，如图 3-35 所示。

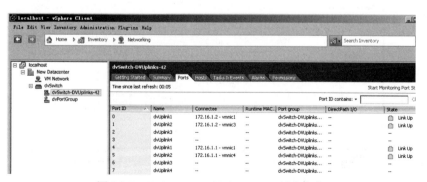

图 3-35　vSphere Distributed Switch 创建之七

3.4.2　分布式交换机应用

在 3.4.1 小节中成功创建了 vDS，在默认情况下，"dvPortGroup"承载的是 Virtual Machines 流量，但默认情况下，虚拟机并没有加入到 vDS 中。本节实战操作创建一个基于 VMkernel 可以承载 vMotion 等流量的 dvPortGroup，再将虚拟机从 vSS 迁移到 vDS。

第 1 步，选择"Home"→"Inventory"→"Hosts and Clusters"→"Configuration"→ "vSphere Distributed Switch"，可以看到已经创建好的 vDS，点击"Manage Virtual Adapters"，如图 3-36 所示。

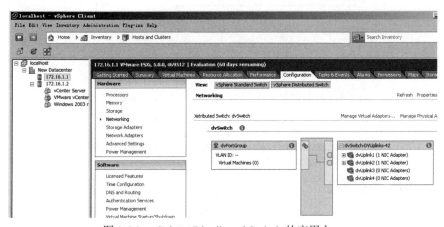

图 3-36　vSphere Distributed Switch 的应用之一

第 2 步，打开"Manage Virtual Adapters"界面，点击"Add"进行配置，如图 3-37 所示。

图 3-37　vSphere Distributed Switch 的应用之二

第 3 步，在创建类型中选择"New virtual adapter"，创建新的虚拟适配器，如图 3-38 所示，单击"Next"按钮。

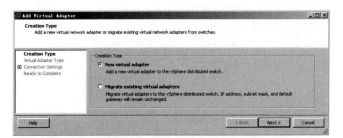

图 3-38　vSphere Distributed Switch 的应用之三

第 4 步，选择 Virtual Adapter Types（虚拟适配器类型），只能是 VMkernel，如图 3-39 所示，单击"Next"按钮。

第 5 步，在"Network Connection"中的"Select port group"选择创建 vDS 时自动创建的"dvPortGroup"，此处勾选"Use this virtual adapter for vMotion"，让这个端口组可以承载 vMotion 流量，也可以根据实际情况勾选其余选项，如图 3-40 所示，单击"Next"按钮。

第 6 步，配置 VMkernel IP 地址，如图 3-41 所示，单击"Next"按钮。

第 7 步，完成准备操作，如图 3-42 所示，单击"Finish"按钮。

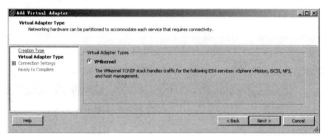

图 3-39　vSphere Distributed Switch 的应用之四

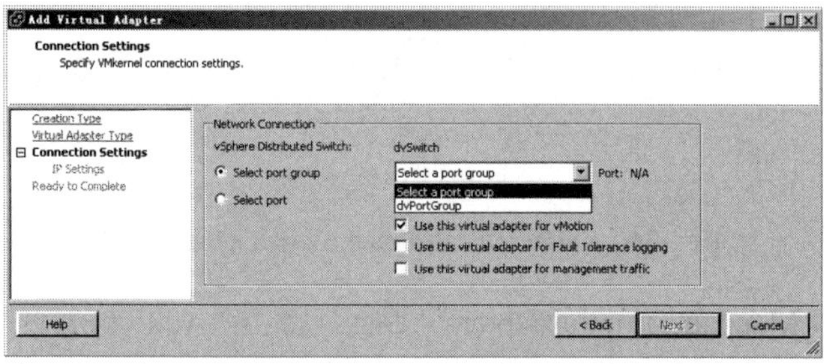

图 3-40　vSphere Distributed Switch 的应用之五

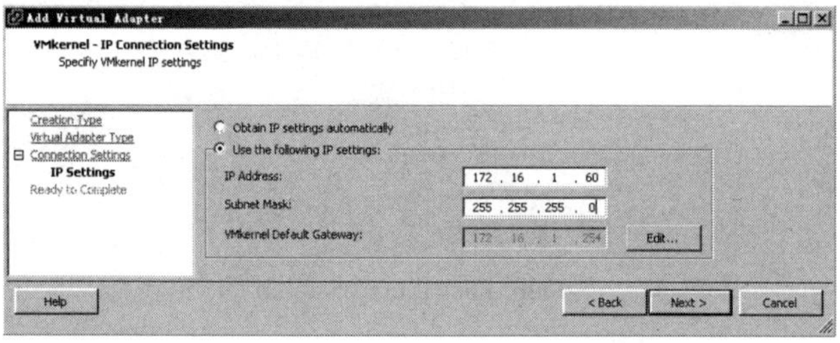

图 3-41　vSphere Distributed Switch 的应用之六

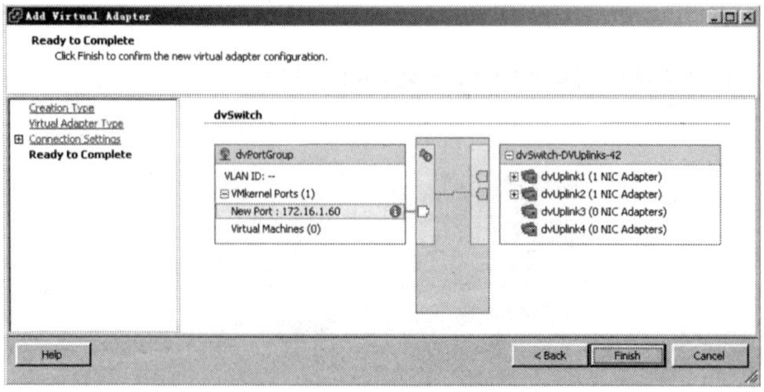

图 3-42　vSphere Distributed Switch 的应用之七

第 8 步，回到"Manage Virtual Adapters"，可以看到 vMotion 状态为 Enabled，其他选择没有勾选，此处为 Disabled，如图 3-43 所示，单击"Close"按钮。

图 3-43　vSphere Distributed Switch 的应用之八

第 9 步，选择"Home"→"Inventory"→"Hosts and Clusters"→"vSphere Distributed Switch"，与之前相比较，增加了 vmk2，可以运行 vMotion 流量，如图 3-44 所示。

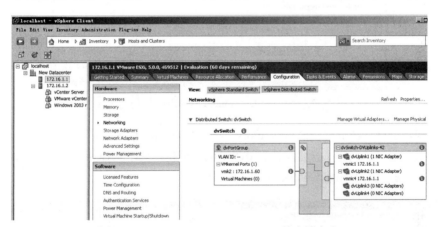

图 3-44　vSphere Distributed Switch 的应用之九

第 10 步，上面创建了基于 VMkernel 可以承载 vMotion 等流量的 dvPortGroup，再创建一个基于 vDS 的 VM Network 组，将虚拟机全部迁移到上面，选择"Home"→"Inventory"→"Networking"，在"dvSwitch"上点击右键，选择"New Port Group"，创建新的端口组，如图 3-45 所示。

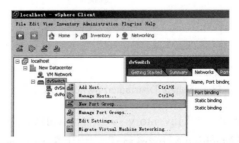

图 3-45　vSphere Distributed Switch 的应用之十

第 11 步，定义端口组的名称时，不建议使用默认名称。如果创建的端口组过多，无法知道这个端口组是用来做什么的，则此处定义为"VM Network"，端口数根据实际情况设置，默认为 128 个，VLAN 也根据实际情况进行设置，如图 3-46 所示，单击"Next"按钮。

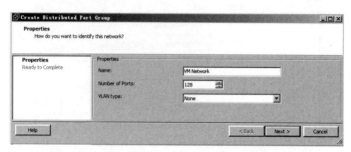

图 3-46   vSphere Distributed Switch 的应用之十一

第 12 步，完成配置，如图 3-47 所示，单击"Finish"按钮。

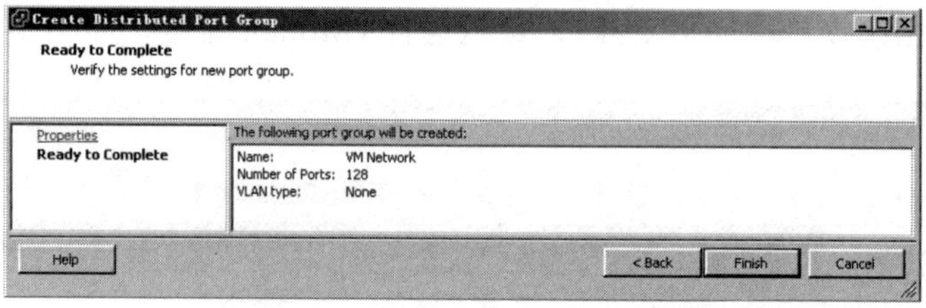

图 3-47   vSphere Distributed Switch 的应用之十二

第 13 步，选择"Home"→"Inventory"→"Hosts and Clusters"→"Configuration"→"vSphere Distributed Switch"，可以看到 dvSwitch 增加了 VM Network 端口组，但没有任何虚拟机使用此端口组，如图 3-48 所示。

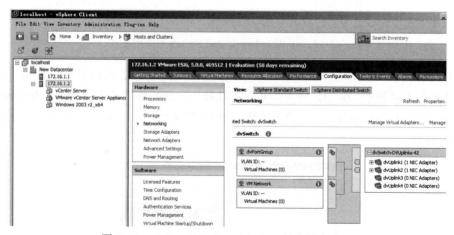

图 3-48   vSphere Distributed Switch 的应用之十三

第 14 步，选择"Home"→"Inventory"→"Networking"，在"dvSwitch"上点击右键，选择"Migrate Virtual Machine Networking"，如图 3-49 所示。

图 3-49　vSphere Distributed Switch 的应用之十四

第 15 步，在"Select source network"源网络中选择"VM Network"，"Destination Network"目标网络中选择新创建的"VM Network（dvSwtich）"，如图 3-50 所示，单击"Next"按钮。

第 16 步，勾选需要迁移的虚拟机，如图 3-51 所示，单击"Next"按钮。

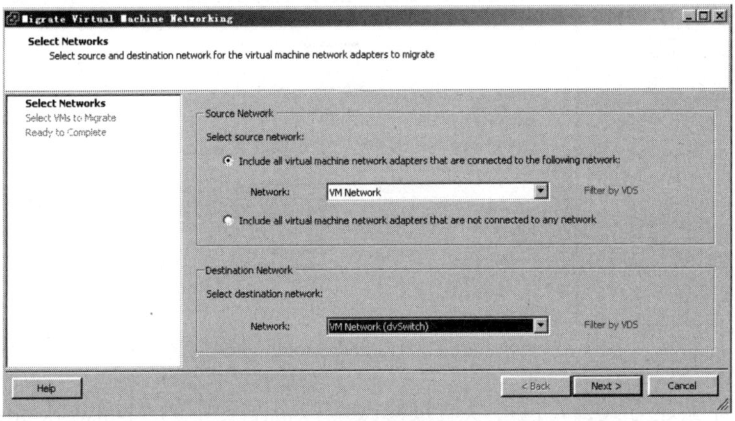

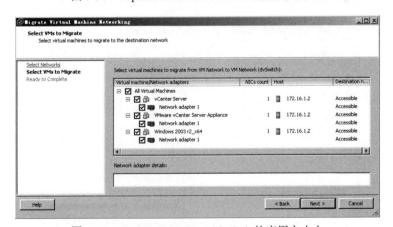

图 3-50　vSphere Distributed Switch 的应用之十五

图 3-51　vSphere Distributed Switch 的应用之十六

第 17 步，完成准备操作，如图 3-52 所示，单击"Finish"按钮。

第 18 步，选择"Home" → "Inventory" → "Hosts and Clusters" → "vSphere Distributed

Switch"，可以看到 3 个虚拟机已经迁移到 vDS，使用 VM Network 端口组进行通信，如图 3-53 所示。

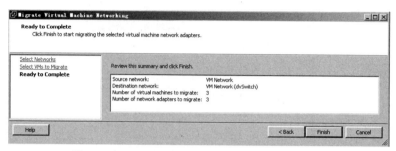

图 3-52 vSphere Distributed Switch 的应用之十七

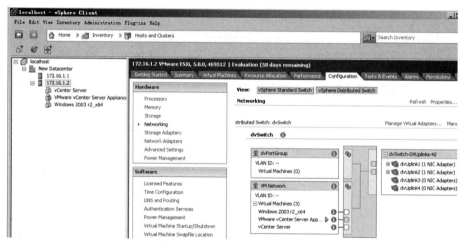

图 3-53 vSphere Distributed Switch 的应用之十八

第 19 步，除上述方式外，也可以通过修改虚拟机配置中的"Network adapter"来实现，如图 3-54 所示。

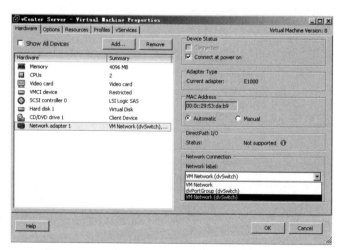

图 3-54 vSphere Distributed Switch 的应用之十九

　　读者看到这里，可能会存在疑问：vDS 和 vSS 相比较，没有看到优势啊。从配置上看的话，的确没有多大的差别，但从已经配置好的 vDS 看，只需要配置 vDS 端口组运行的流量就行了，而不用再在每台 ESXi 主机的 vSS 中配置 vSwitch 以及物理网卡的关联等，极大地简化了整体网络的配置过程，更多的细节需要读者在实际运用中加以体会。

3.5　本章小结

　　本章通过多个实战操作介绍了 vSS 以及 vDS，对于 vSS 的概念以及如何部署读者可能更加接受一些。对 vDS 来说，读者需要在理解 vSS 的基本上多做实验来体会它所带来的好处。在生产环境使用虚拟交换机，需要注意以下问题。

- ESXi 主机物理网卡的数量

　　在生产环境中，每台 ESXi 主机推荐使用 6 个以上千兆以太网口对各种流量进行分离，同时进行多张网卡的捆绑以实行负载均衡以及冗余功能。

- 硬件级虚拟交换机的使用

　　在虚拟化架构实施过程中，有一种方案是将网络分离出来，交给专业的网络管理人员进行设计、配置、管理，并且尽可能的使用硬件级虚拟交换机来构建整个虚拟化架构的网络。当然，这种方案效率是最高的，通过使用硬件级虚拟交换机可以极大地提高网络处理能力，可根据生产环境的具体需求进行配置。

第 4 章　配置 vSphere 存储

无论是在传统架构还是在虚拟化架构中，存储都是重要的设备之一。存储的正确使用将直接影响 vSphere 高级特性（vMotion、HA、DRS 功能）的正常运行。本章将介绍 vSphere 虚拟化架构中存储设备的使用。

本章重点

- 常用存储设备的介绍
- 配置 vSphere 存储

4.1　常用存储设备介绍

目前，市面上的存储有很多种类，常见的存储主要分为以下几类。

4.1.1　直连式存储

Direct Attached Storage（DAS，开放系统直连式存储）与服务器主机之间的连接通常采用 SCSI，带宽一般为 10MB/s、20MB/s、40MB/s、80MB/s 等。随着服务器 CPU 的处理能力越来越强，存储硬盘空间越来越大，阵列的硬盘数量越来越多，SCSI 通道将会成为 I/O 瓶颈。

由于 DAS 不能独立使用，因此多用于服务器的扩容，通过 SCSI 卡以及专用连接线对原服务器进行扩展。目前，主流企业级 DAS 都集成了很多功能，例如大容量、RAID 阵列、软件备份等。DAS 厂商都推出了相应的 DAS 存储设备，用户可根据实际情况进行选择。

4.1.2　网络存储

Network Storage Technologies（NAS，网络存储技术）。基于标准网络协议实现数据传输，为网络中的 Windows/Linux/Mac OS 等各种不同操作系统的计算机提供文件共享和数据备份。

NAS 实际就是一台计算机，有主板、CPU、内存等硬件，安装专业的软件后就成为了 NAS。对于中小企业比较经济的做法是找一台服务器，性能不一定太高，然后安装专业的 NAS 软件，这台服务器就成为了 NAS。

NAS 文件系统一般有以下两种。

NFS（Network File System 网络文件系统）。

CIFS（Common Internet File System 通用 Internet 文件系统）。

4.1.3　存储区域网络

Storage Area Network（SAN，存储区域网络），是一个集中式管理的高速存储网络，由多供应商存储系统、存储管理软件、应用程序服务器和网络硬件组成。

SAN 可被用来绕过传统网络的瓶颈，它支持服务器与存储设备之间的直接高速数据传输。SAN 存储区域网是独立于服务器网络系统之外的高速光纤存储网络，这种网络采用高速光纤通道作为传输体，以 SCSI-3 协议作为存储访问协议，将存储系统网络化，从而实现真正的高速共享存储。

数据中心最常用的是 FC SAN（光纤通道存储）。由于 FC SAN 的传输速率可以达到 8GB/s 且不占用服务器 CPU 资源，所以一直是技术人员的最爱。但由于在部署中需要昂贵的 SAN 存储、FC HBA 卡、FC 交换机等，因此，对于中小企业的应用环境来说，成本是最大的障碍。

相对 FC SAN 昂贵的成本来说，新出现的 IP SAN（基于 TCP/IP 存储）越来越多地应用于中小企业环境。从数据交换流量性能相比，千兆以太网环境下的 IP SAN 比 FC SAN 要逊色一些。FC SAN 的优势是使它目前在高性能应用环境中占主要份额的根本原因。而与 FC SAN 在性能价格上相比，IP SAN 对那些对流量要求不太高的应用场合、预算又不充足的用户是一个切实可行的选择。随着万兆以太网的逐渐普及，IP SAN 完全可以与 FC SAN 在交换性能上一争高下。

4.1.4　小型计算机系统接口

Internet Small Computer System Interface（iSCSI，小型计算机系统接口）是一种基于 TCP/IP 的协议，用来建立和管理 IP 存储设备、主机和客户机等之间的相互连接，并创建存储区域网络（SAN）。SAN 使得 SCSI 协议应用于高速数据传输网络成为可能，这种传输以数据块级别（block-level）在多个数据存储网络间进行。

最近几年，存储界最热门的技术就是 iSCSI 技术，各存储设备厂商都纷纷推出 iSCSI 设备（企业级别或家用级别），iSCSI 存储技术得到了快速发展。iSCSI 存储的最大好处是能够提供千兆以太网环境，虽然其带宽跟光纤网络还有一些差距，但能节省企业 30%～40% 的成本。

需要注意的是，据 IDC 统计数据显示，目前 85% 的 iSCSI 在部署过程中只采用软件方式实施。软件方式 iSCSI 传输的数据将使服务器 CPU 进行处理，这样会额外增加服务器 CPU 负担。所以，在服务器方面，使用 TCP 卸载引擎（TOE）和 iSCSI HBA 可以有效降低 CPU 负担，尤其是对速度较慢但注重性能的应用程序服务器。

4.1.5　以太网光纤通道

Fibre Channel over Ethernet（FCoE，以太网光纤通道）技术标准可以将光纤通道映射到以太网，可以将光纤通道信息插入以太网信息包内，从而让服务器-SAN 存储设备的光纤通道请求和数据可以通过以太网连接来传输，无须专门的光纤通道结构，就可以在以太网上传输 SAN 数据。FCoE 允许在一根通信线缆上传输 LAN 和 FC SAN 通信，融合网络可以支持 LAN 和 SAN 数据类型，减少数据中心设备和线缆数量，同时降低供电和制冷负载，收敛成一个统一的网络后，需要支持的点也跟着减少了，有助于降低管理负担。

FCoE 面向的是万兆以太网，其应用的优点是在维持原有服务的基础上，可以大幅减少服务器上的网络接口数量（同时减少了电缆，节省了交换机端口和管理员需要管理的控制点数量），从而降低了功耗，给管理带来了方便。

4.2 vSphere 存储介绍

在 4.1 小节中介绍了常用的存储技术。存储在 vSphere 虚拟化架构中扮演着非常重要的角色，不可或缺，无论是虚拟机运行还是备份操作都必须依赖存储设备。共享存储是 vSphere 虚拟化架构的核心之一。如果不使用共享存储，就无法使用 vSphere 虚拟化的高级特性。

4.2.1 vSphere 支持的存储类型

vSphere 虚拟化架构对存储的支持相当广泛，下面来看看可以使用哪些存储设备，不同存储设备的差异在哪里。

1. 本地存储

一般来说，服务器都具有本地硬盘。第 1 章在 DELL PowerEdge 1950-01 服务器上安装 ESXi 5.0 时使用的就是本地硬盘，这就是本地存储，也是 ESXi 主机的基本存储之一。

本地存储可以安装 ESXi，可以放置虚拟机等，但使用本地存储，虚拟化架构所有的高级特性，如 vMotion、HA、DRS 等均无法使用。

2. FC SAN 存储

VMware 官方推荐的存储，能够最大限度发挥虚拟化架构的优势，虚拟化架构所有的高级特性，如 vMotion、HA、DRS 等均可实现。同时，FC SAN 可以支持 SAN BOOT，缺点是需要 FC HBA 卡、FC 交换机、FC 存储支持，投入成本较高。

3. iSCSI 存储

相对于 FC SAN 存储来说，iSCSI 是相对便宜的 IP SAN 解决方案，也被认为是 vSphere 存储性价比最高的解决方案，可以使用普通服务器安装 iSCSI Target Software 来实现，同时支持 SAN BOOT 引导（取决于 iSCSI HBA 卡是否支持 BOOT）。

部分观点认为，iSCSI 存储存在传输速率较慢、CPU 占用率较高等问题。如果使用带 TOE 功能的千兆以太网卡或 iSCSI HBA 卡，则能在一定程度上解决此问题。

4. NFS 存储

NFS 存储是中小企业使用得最多的网络文件系统，最大的优点是配置管理简单，虚拟化架构主要的高级特性，如 vMotion、HA、DRS 等均可实现。

但 NFS 存储的稳定性以及安全性历来是大家关注的重点。

4.2.2 vSphere 支持的存储文件格式

在介绍 vSphere 存储文件格式之前，先了解一下什么是 Datastore。简单理解，Datastore 是 ESXi 主机的数据仓库，是 ESXi 主机管理所有存储设备的地方。

1．VMFS（VMware 文件系统）

VMware Virtual Machine File System，简称 VMFS，是一种高性能的群集文件系统。它使虚拟化技术的应用超出了单个系统的限制。VMFS 的设计、构建和优化针对虚拟服务器环境，可让多个虚拟机共同访问一个整合的集群式存储池，从而显著提高资源利用率。VMFS 是跨越多个服务器实现虚拟化的基础，可以使用 vMotion、DRS、HA 等高级特性。VMFS 还能显著减少管理开销，它提供了一种高效的虚拟化管理层，特别适合大型企业数据中心。采用 VMFS 可实现资源共享，使管理员轻松地从更高效率和存储利用率中直接获益。

2．NFS（网络文件系统）

Network File System，简称 NFS，即网络文件系统。NFS 是 FreeBSD 支持的文件系统中的一种，允许一个系统在网络上与他人共享目录和文件。通过使用 NFS，用户和程序可以像访问本地文件一样访问远端系统上的文件。

NFS 的配置管理相对上述存储系统更为简单，因此在中小企业的使用率相对较高。

3．RDM（裸设备映射）

Raw Device Mappings，简称 RDM，即裸设备映射。运行在 ESXi 主机上的虚拟机是以 VMFS 文件方式存于存储上，由 VMFS 文件系统划出一个名为 VMDK 的文件作为虚拟硬盘。日常对虚拟机硬盘的读写操作都由系统进行转换，因此在时间上存在一定的延时。VMDK 虚拟硬盘在海量数据进行读写时会产生严重的瓶颈。

RDM 模式解决了由于使用虚拟硬盘而造成的海量数据读写瓶颈问题。RDM 模式是让运行在 ESXi 主机上的虚拟机直接访问网络存储，不再经过虚拟硬盘进行转换，这样就不存在延时问题，读写的效率取决于存储的性能。

4.3　配置 vSphere 存储

在配置 vSphere 存储前，我们已经使用 Openfiler 搭建好了 iSCSI 存储服务器，使用 Windows Server 2008 R2 搭建了 NFS 存储服务器。本章实战操作将在 ESXi01（172.16.1.1）主机上创建 iSCSI 和 NFS 两个外部存储。

4.3.1　配置 iSCSI 外部存储

第 1 步，使用 VMware vSphere Client 登录 ESXi01（172.16.1.1）主机，选择"Configuration"→"Hardware"→"Stroage"，如图 4-1 所示，可以看到 ESXi01（172.16.1.1）主机上的存储设备。

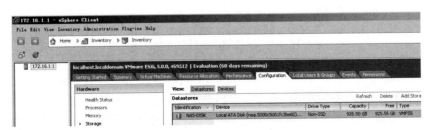

图 4-1　配置 iSCSI 外部存储之一

第 2 步，选择"Configuration"→"Hardware"→"Stroage Adapters"，查看 ESXi01（172.16.1.1）主机的存储适配器，如图 4-2 所示，可以看到 ESXi01（172.16.1.1）主机上有 Broadcom iSCSI Adapter，此处使用软件 iSCSI 连接方式，单击"Add"按钮。

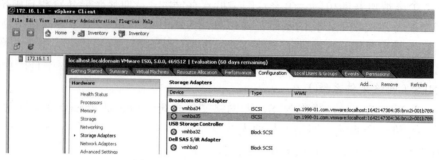

图 4-2　配置 iSCSI 外部存储之二

第 3 步，弹出添加窗口，选择"Add Software iSCSI Adapter"（添加软件 iSCSI 适配器），如图 4-3 所示，单击"OK"按钮。

第 4 步，系统提示一个新的软件 iSCSI 存储适配器将被添加到存储适配器列表，如图 4-4 所示，单击"确定"按钮。

图 4-3　配置 iSCSI 外部存储之三

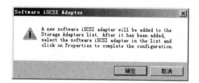

图 4-4　配置 iSCSI 外部存储之四

第 5 步，系统会进行软件 iSCSI 适配器的添加，选择"Configuration"→"Hardware"→"Stroage Adapters"，查看 ESXi 主机的存储适配器，如图 4-5 所示，可以看到软件 iSCSI 适配器已经添加进 ESXi01（172.16.1.1）主机。

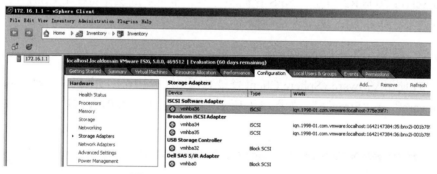

图 4-5　配置 iSCSI 外部存储之五

第 6 步，选择"iSCSI Software Adapter"→"Properties"，打开"iSCSI Initiator（vmhba36）Properties"窗口，如图 4-6 所示，进行 iSCSI 配置。

第 7 步，选择"Dynamic Discovery"（动态发现）添加 iSCSI 存储，如图 4-7 所示，单击"Add"按钮。

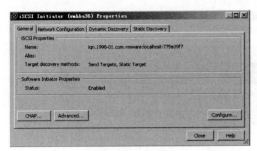

图 4-6　配置 iSCSI 外部存储之六

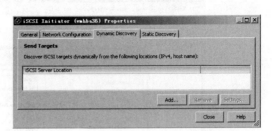

图 4-7　配置 iSCSI 外部存储之七

第 8 步，输入 iSCSI Server 的 IP 地址 172.16.1.52，端口默认为 3260，如图 4-8 所示，单击"OK"按钮。

第 9 步，如果 iSCSI Server 配置了 CHAP（认证），需要点击图 4-8 所示的"CHAP"，打开 CHAP 认证窗口配置认证选项，如图 4-9 所示，单击"OK"按钮。

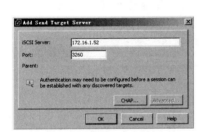

图 4-8　配置 iSCSI 外部存储之八

图 4-9　配置 iSCSI 外部存储之九

第 10 步，如图 4-10 所示，可以看到 iSCSI Server 已经添加成功，单击"Close"按钮。

第 11 步，由于新添加了 iSCSI Server，系统会提示扫描适配器信息，如图 4-11 所示，点击"是（Y）"继续。

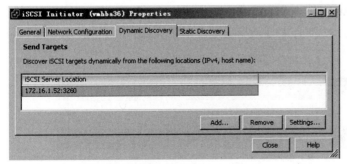

图 4-10　配置 iSCSI 外部存储之十

图 4-11　配置 iSCSI 外部存储之十一

第 12 步，添加成功，选择"Configuration"→"Hardware"→"Stroage Adapters"，可以在"Details"看到新添加的存储设备信息，如图 4-12 所示。

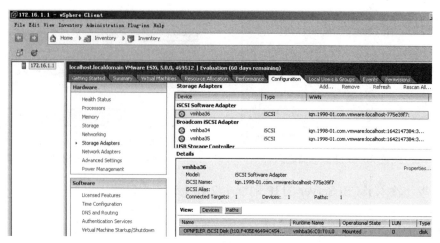

图 4-12　配置 iSCSI 外部存储之十二

第 13 步，点击 "Paths"，可以看到 iSCSI 存储的路径，如图 4-13 所示，目前 iSCSI 存储只有一条路径。

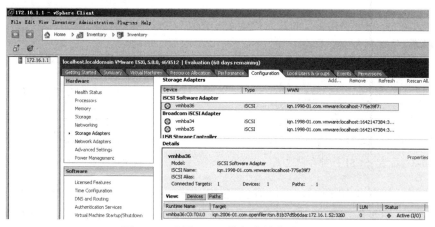

图 4-13　配置 iSCSI 外部存储之十三

第 14 步，选择 "Configuration" → "Hardware" → "Stroage"，查看 ESXi 主机的存储，如图 4-14 所示，此时配置好的 iSCSI 存储还没有出现在 Datastores 中，单击 "Add Storage" 进行添加。

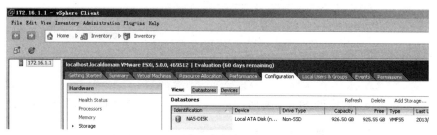

图 4-14　配置 iSCSI 外部存储之十四

第 15 步，进入添加向导，在 "Storage Type"（存储类型）中选择 "Disk/LUN"，如图 4-15 所示，单击 "Next" 按钮。

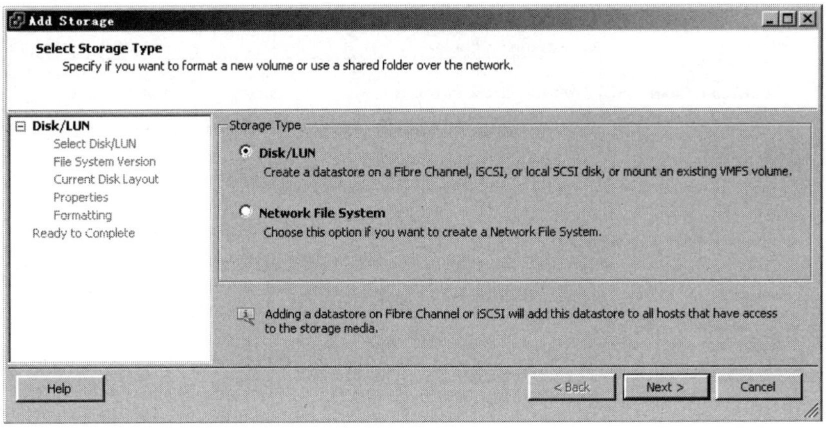

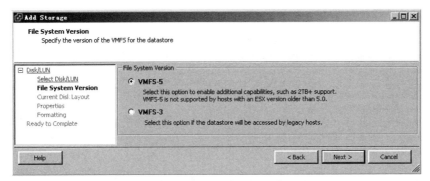

图 4-15　配置 iSCSI 外部存储之十五

第 16 步，选择 PNFILER iSCSI Disk，如图 4-16 所示，单击 "Next" 按钮。

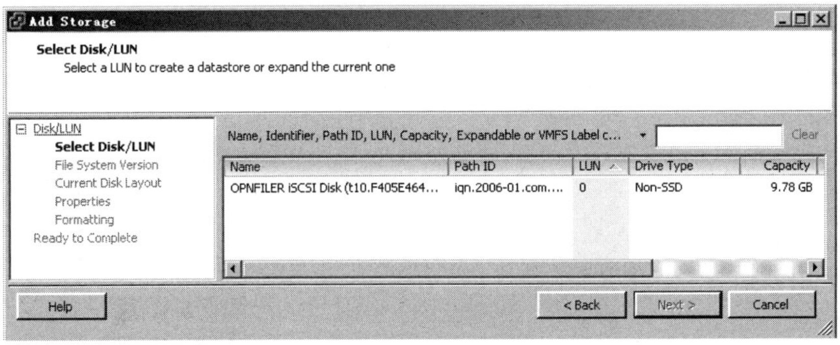

图 4-16　配置 iSCSI 外部存储之十六

第 17 步，选择文件系统版本，如图 4-17 所示，最新的版本为 VMFS-5，支持更多的存储容量，单击 "Next" 按钮。

图 4-17　配置 iSCSI 外部存储之十七

第 18 步，显示准备添加的 iSCSI 卷相关信息，如图 4-18 所示，单击 "Next" 按钮。

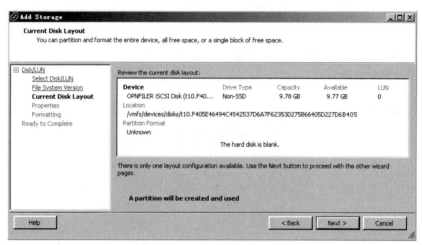

图 4-18　配置 iSCSI 外部存储之十八

第 19 步，对添加的存储进行命名，如图 4-19 所示，输入 iscsi-test，单击"Next"按钮。

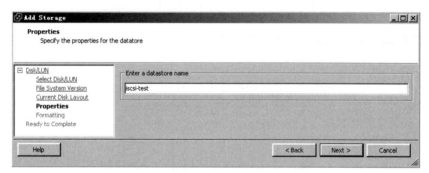

图 4-19　配置 iSCSI 外部存储之十九

第 20 步，定义存储空间的大小，如图 4-20 所示，可以根据具体用途进行划分，此处使用所有空间，单击"Next"按钮。

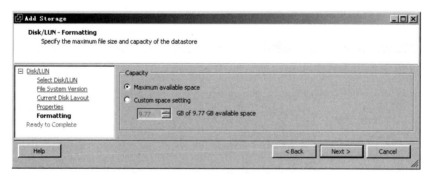

图 4-20　配置 iSCSI 外部存储之二十

第 21 步，完成准备操作，如图 4-21 所示，单击"Finish"按钮。

第 22 步，选择"Configuration"→"Hardware"→"Stroage"，查看 ESXi 主机的存储，如图 4-22 所示，此时可以看到新增加了 iscsi-test 存储，容量为 9.75GB。

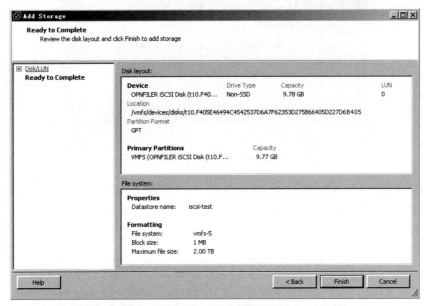

图 4-21　配置 iSCSI 外部存储之二十一

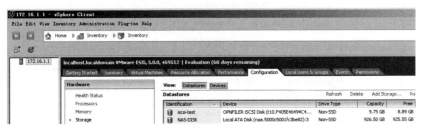

图 4-22　配置 iSCSI 外部存储之二十二

4.3.2　创建 iSCSI 外部存储多路径访问

第 1 步，回到图 4-10 所示界面，单击"Add"按钮，添加 iSCSI 存储的另一个 IP 地址 172.16.1.53，如图 4-23 所示，单击"OK"按钮。

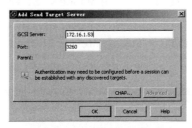

图 4-23　创建 iSCSI 外部存储多路径访问之一

第 2 步，添加成功，在"iSCSI Initiator（vmhba36）Properties"窗口中可以看到 2 个 iSCSI 存储服务器地址，如图 4-24 所示，单击"Close"按钮。

第 3 步，由于新添加了 iSCSI Server，系统会提示扫描适配器信息，单击"是（Y）"按钮。

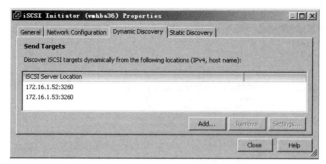

图 4-24　创建 iSCSI 外部存储多路径访问之二

第 4 步，配置完成，选择"Configuration"→"Hardware"→"Stroage Adapters"，可以在"Details"→"Paths"看到新添加的存储设备信息，如图 4-25 所示，有两条路径可以访问此 iSCSI 存储，实现了存储的冗余功能。

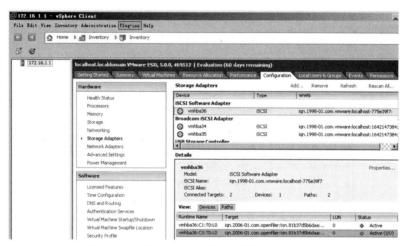

图 4-25　创建 iSCSI 外部存储多路径访问之三

4.3.3　配置 NFS 外部存储

在配置 NFS 外部存储前，我们已经使用 Windows Server 2008 搭建了 NFS 存储，本节实战操作是在 ESXi01（172.16.1.1）主机上再添加一个 NFS 外部存储。

第 1 步，选择"Configuration"→"Hardware"→"Stroage"，如图 4-26 所示，单击"Add Storage"。

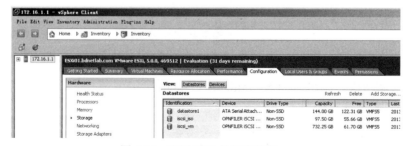

图 4-26　配置 NFS 外部存储之一

第 2 步，在"Storage Type"中选择"Network File System"，如图 4-27 所示，单击"Next"
按钮。

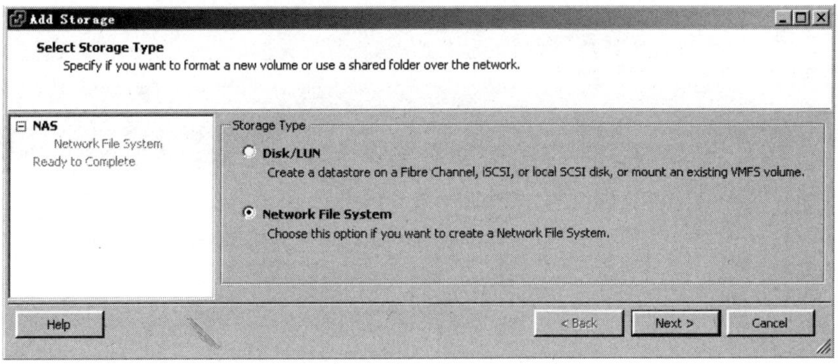

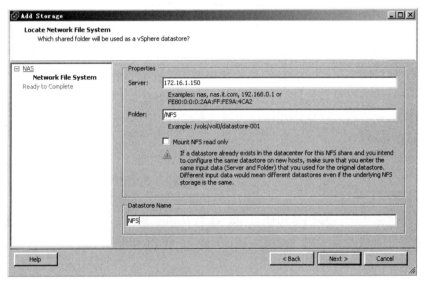

图 4-27　配置 NFS 外部存储之二

第 3 步，输入 NFS 服务器的地址以及文件夹名称，如图 4-28 所示，单击"Next"按钮。

图 4-28　配置 NFS 外部存储之三

第 4 步，完成准备操作，如图 4-29 所示，单击"Finish"按钮。

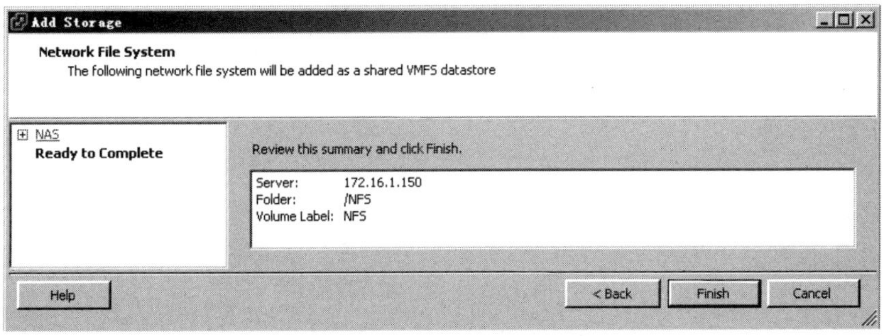

图 4-29　配置 NFS 外部存储之四

第 5 步，添加成功，通过图 4-30 可以看到 ESXi01（172.16.1.1）主机新增了 NFS 存储，容量为 39.90GB。

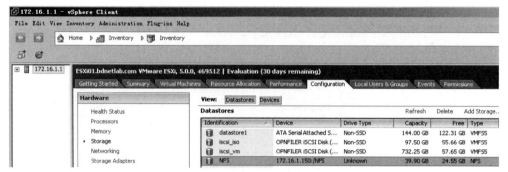

图 4-30　配置 NFS 外部存储之五

4.4　本章小结

本章的实战操作中，配置了两种最常用的外部存储——iSCSI 和 NFS，同时配置了 iSCSI 外部存储的多路径访问。在 vSphere 虚拟化环境中，存储是相当重要的环节，生产环境中必须规划好存储才能保证高级特性可以使用，规划不好的存储可能会导致整个 vSphere 虚拟化环境运行出现问题。在生产环境部署外部存储时，需要注意以下问题。

- 外部存储类型

本章介绍了多种存储类型，那么在生产环境应该使用什么样的存储？如果企业成本允许，推荐使用专业级存储设备；如果企业成本不允许，推荐使用 iSCSI 或 NFS 存储。

- 存储硬件卡的使用

在本章实战操作中，我们使用的是 iSCSI 软件适配器，使用软件方式的 iSCSI 会增加 CPU 的负载，推荐使用硬件级 iSCSI HBA 卡连接 iSCSI 存储服务器或者使用带 TOE 功能的网卡来减少 CPU 的负载。

第 5 章　部署 Openfiler 外部存储

Openfiler 是一个基于 Linux 系统的网络存储服务器,可以在单一框架中提供基于文件的网络连接存储(NAS)和基于块的存储区域网(SAN),整个软件包与开放源代码应用程序(例如 Apache、Samba、LVM2、ext3、Linux NFS 和 iSCSI Enterprise Target)连接。Openfiler 将这些技术组合到一个易于使用的小型管理解决方案中,该解决方案通过一个基于 Web 且功能强大的管理界面实现。本章将介绍使用 Openfiler 构建 vSphere 虚拟化的存储。

本章重点
- 安装 Openfiler
- 安装后的必要配置

5.1　安装 Openfiler

5.1.1　安装介质的准备

Openfiler 是开源的软件,访问 Openfiler 官方网站可以下载,目前有 2 个版本。

1. Openfiler NAS/SAN Appliance, version 2.99 (Final Release)

2.99 版本只发布基于 x86 架构 64 位版本,增加对阵列卡的支持,推荐使用。

2. Openfiler NAS/SAN Appliance, version 2.3 (Final Release)

2.3 版本发布基于 x86 架构 32 位以及 64 位 2 个版本。如果仅用于测试,可以直接下载 x86/64 VMware Virtual Appliance 虚拟机文件,不需要安装,上传至 ESXi 主机或使用 VMware Workstation 即可运行。

5.1.2　安装 Openfiler 2.99

本节实战操作将在 ESXi02(172.16.1.2)主机上使用虚拟机安装 Openfiler,版本使用最新的 Openfiler NAS/SAN Appliance, version 2.99 (Final Release)。

第 1 步,加载 ISO 文件,引导进入安装界面,如图 5-1 所示,按【Enter】键开始安装。

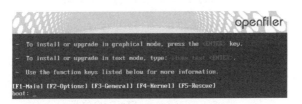

图 5-1　安装 Openfiler 2.99 之一

第 2 步，进入安装向导，如图 5-2 所示，单击"Next"按钮。

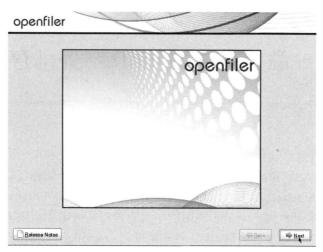

图 5-2　安装 Openfiler 2.99 之二

第 3 步，提示选择安装语言种类，默认为"U.S.English"，如图 5-3 所示，单击"Next"按钮。

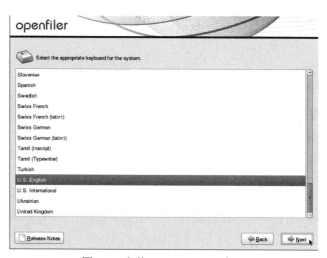

图 5-3　安装 Openfiler 2.99 之三

第 4 步，出现警告窗口，初始化硬盘擦除所有数据，如图 5-4 所示，单击"Yes"按钮。

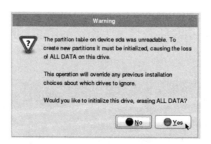

图 5-4　安装 Openfiler 2.99 之四

第 5 步，系统提示如何对硬盘进行分区，选择"Remove all partition on selected drive and create default layout"（移除所有分区选择此驱动器创建默认分区），如图 5-5 所示，单击"Next"按钮。

图 5-5　安装 Openfiler 2.99 之五

第 6 步，出现警告窗口，提示选择的操作将移除所有分区信息以及所有数据，如图 5-6 所示，单击"Yes"按钮。

第 7 步，设置 Openfiler 服务器 IP 址，再勾选"Enable IPv4 support"，选择"Manual configuration"（手动配置），输入 IP 地址，172.16.1.52，子网掩码 255.255.255.0，如图 5-7 所示，单击"OK"按钮。

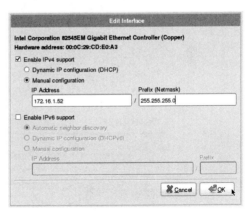

图 5-6　安装 Openfiler 2.99 之六　　　　　图 5-7　安装 Openfiler 2.99 之七

第 8 步，设置"Hostname"以及"Gateway"、"DNS"信息，如图 5-8 所示，单击"Next"按钮。

第 9 步，设置时区，选择"Asia/Shanghai"，如图 5-9 所示，单击"Next"按钮。

第 10 步，设置 root 用户密码，输入 password，如图 5-10 所示，单击"Next"按钮。

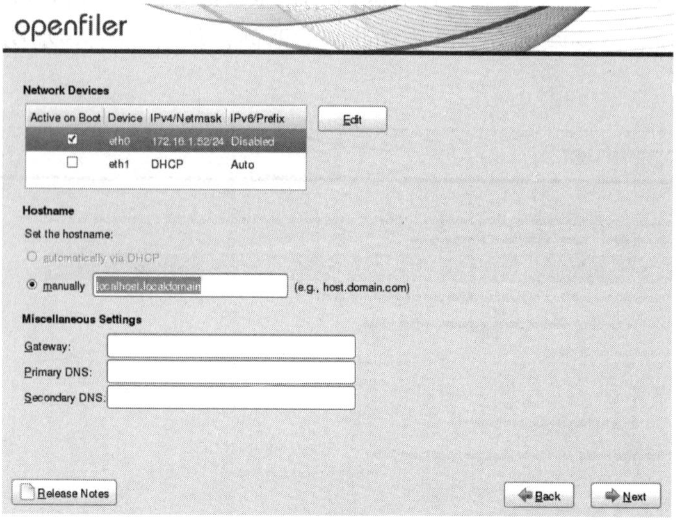

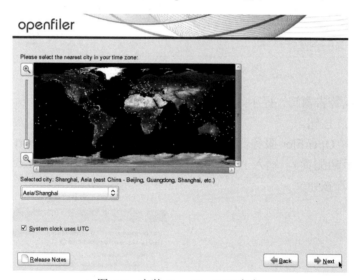

图 5-8　安装 Openfiler 2.99 之八

图 5-9　安装 Openfiler 2.99 之九

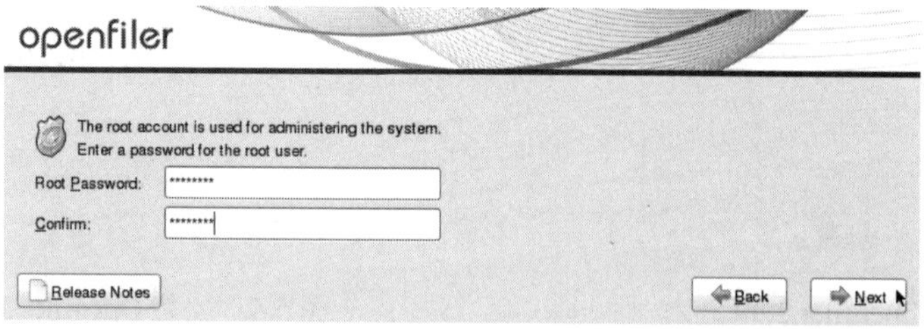

图 5-10　安装 Openfiler 2.99 之十

第 11 步，基础设置完成，开始安装程序，如图 5-11 所示，点单击"Next"按钮。

第 12 步，开始安装，如图 5-12 所示，正在格式化文件系统。

第 13 步，完成安装，如图 5-13 所示，单击"Reboot"按钮。

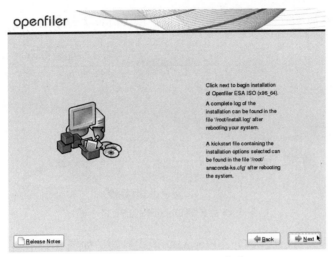

图 5-11　安装 Openfiler 2.99 之十一

图 5-12　安装 Openfiler 2.99 之十二

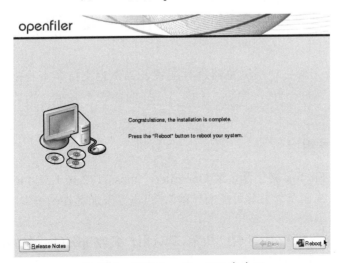

图 5-13　安装 Openfiler 2.99 之十三

第 14 步，进入启动界面，如图 5-14 所示，按【Enter】继续。

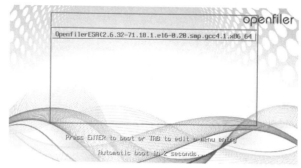

图 5-14　安装 Openfiler 2.99 之十四

第 15 步，启动成功，进入 Openfiler 2.99 正式界面，如图 5-15 所示。

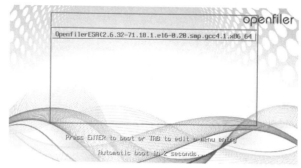

图 5-15　安装 Openfiler 2.99 之十五

5.2　安装完成后的必要配置

Openfiler 安装完成后使用浏览器进行配置，当然也支持命令行配置模式。由于 IE 浏览器对一些控件支持不好，可能会导致部分界面图表不显示，因此推荐使用 Firefox 浏览器。

5.2.1　创建卷组

第 1 步，使用 Firefox 浏览器登录 Openfiler，https://172.16.1.52:446，会提示"此连接不受信任"，展开"我已充分了解可能的风险"，点击"添加例外……"，将站点添加至信任列表，如图 5-16 所示。

第 2 步，进入登录界面，如图 5-17 所示，默认用户名为 openfiler，初始密码为 password，单击"Log In"按钮。

图 5-16 创建 Volume Groups 之一

图 5-17 创建 Volume Groups 之二

第 3 步，通过图 5-18 可以看到安装 Openfiler 主机的软硬件信息。

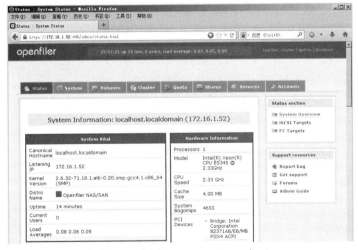

图 5-18 创建 Volume Groups 之三

第 4 步，选择"Volumes"（卷）菜单，可以看到"Volume Group Management"下面没有任何卷信息，如图 5-19 所示。

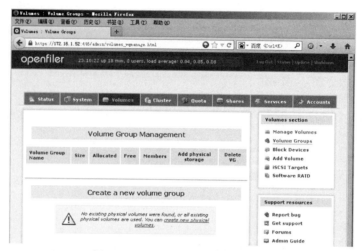

图 5-19　创建 Volume Groups 之四

第 5 步，点击"Block Devices"查看系统的硬盘信息，此时可以看到有 3 块虚拟硬盘，分别为/dev/sda、/dev/sdb、/dev/sdc，如图 5-20 所示。

图 5-20　创建 Volume Groups 之五

第 6 步，"/dev/sda"已安装 Openfiler 2.99 系统，将"/dev/sdb"、"/dev/sdc"组合成一个新的卷组，点击"/dev/sdb"打开创建分区的界面，如图 5-21 所示，确认"Partition Type"（分区类型）为"Physical volume"（物理卷），单击"Create"按钮。

图 5-21　创建 Volume Groups 之六

第 7 步，"/dev/sdb"创建完成，如图 5-22 所示，以同样的方式创建"/dev/sdc"。

第 8 步，选择"Volumes"（卷）菜单，可以看到刚才创建的新的分区，此时已经可以建立 volume group（卷组），如图 5-23 所示，输入卷组的名称"iSCSI-test"，勾选需要加入卷组的硬盘，单击"Add volume group"按钮。

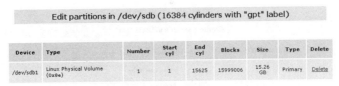

图 5-22　创建 Volume Groups 之七

图 5-23　创建 Volume Groups 之八

第 9 步，卷组创建完成，如图 5-24 所示，容量为 30.50GB。

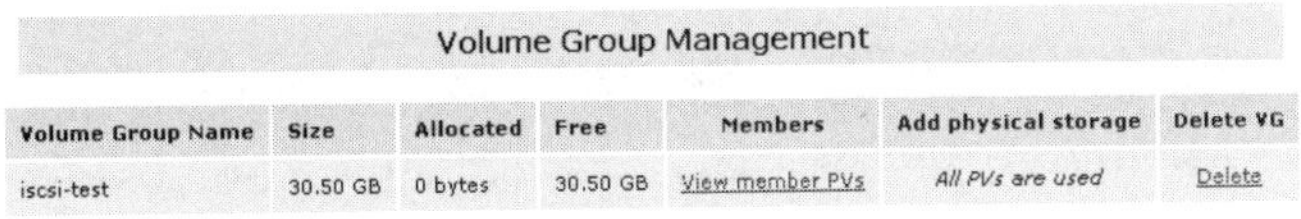

Volume Group Management						
Volume Group Name	**Size**	**Allocated**	**Free**	**Members**	**Add physical storage**	**Delete VG**
iscsi-test	30.50 GB	0 bytes	30.50 GB	View member PVs	All PVs are used	Delete

图 5-24　创建 Volume Groups 之九

5.2.2　创建 iSCSI 逻辑卷

第 1 步，选择"Services"菜单，查看 Openfiler 服务运行状态，默认情况下，Openfiler 的 iSCSI Target 是 Disabled，如图 5-25 所示，单击"Enable"打开服务。

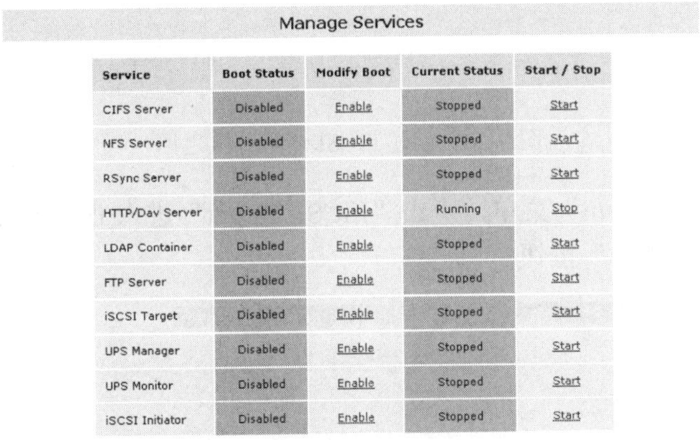

Manage Services				
Service	**Boot Status**	**Modify Boot**	**Current Status**	**Start / Stop**
CIFS Server	Disabled	Enable	Stopped	Start
NFS Server	Disabled	Enable	Stopped	Start
RSync Server	Disabled	Enable	Stopped	Start
HTTP/Dav Server	Disabled	Enable	Running	Stop
LDAP Container	Disabled	Enable	Stopped	Start
FTP Server	Disabled	Enable	Stopped	Start
iSCSI Target	Disabled	Enable	Stopped	Start
UPS Manager	Disabled	Enable	Stopped	Start
UPS Monitor	Disabled	Enable	Stopped	Start
iSCSI Initiator	Disabled	Enable	Stopped	Start

图 5-25　创建 iSCSI 逻辑分区之一

第 2 步,选择"Volumes"菜单,点击"Add Volumes"创建新的卷,如图 5-26 所示,输入卷的名称 iscsi-tes,空间大小 10GB,文件系统选择"block(iSCSI,FC,etc)",单击"Create"按钮。

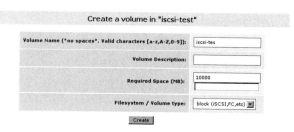

图 5-26　创建 iSCSI 逻辑分区之二

第 3 步,卷创建完成,如图 5-27 所示,此时已经可以使用 iscsi-tes 卷。

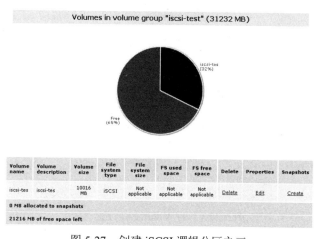

图 5-27　创建 iSCSI 逻辑分区之三

第 4 步,选择"System"菜单,配置网络访问,如图 5-28 所示,允许"172.16.0.0/255.255.255.0"网段访问 Openfiler 存储,单击"Update"按钮。

图 5-28　创建 iSCSI 逻辑分区之四

第 5 步,选择"System"菜单,点击"iSCSI Target"进入 iSCSI Target 设置界面,如图 5-29 所示,单击"Add"按钮。

图 5-29　创建 iSCSI 逻辑分区之五

第 6 步，此时会看到"Add new iSCSI Target"，会有一个"Target IQN"字段，这个字段称之为 iSCSI 合格证，"iqn.2006-01.com.openfiler:tsn.81b37d5b6daa"是对刚才创建的 iscsi-tes 卷的唯一标识，由系统自动产生，不需要修改，单击"Add"按钮。

第 7 步，添加完成后进入 iSCSI 选项配置界面，如图 5-30 所示。

Settings for target: iqn.2006-01.com.openfiler:tsn.81b37d5b6daa

Target Attribute	Attribute Value
HeaderDigest	None
DataDigest	None
MaxConnections	1
InitialR2T	Yes
ImmediateData	No
MaxRecvDataSegmentLength	131072
MaxXmitDataSegmentLength	131072
MaxBurstLength	262144
FirstBurstLength	262144

图 5-30　创建 iSCSI 逻辑分区之六

第 8 步，选择"LUN Mapping"菜单，将创建的卷映射出去，如图 5-31 所示，单击"Map"按钮。

Map New LUN to Target: "iqn.2006-01.com.openfiler:tsn.81b37d5b6daa"

Name	LUN Path	R/W Mode	SCSI Serial No.	SCSI Id.	Transfer Mode	Map LUN
iscsi-tes	/dev/iscsi-test/iscsi-tes	write-thru	smzo25-WkFP-rmKP	smzo25-WkFP-rmKP	blockio	Map

图 5-31　创建 iSCSI 逻辑分区之七

第 9 步，映射完成，如图 5-32 所示，现在可以使用刚才创建的 iscsi-tes 卷。

Target Configuration	LUN Mapping	Network ACL	CHAP Authentication

LUNs mapped to target: iqn.2006-01.com.openfiler:tsn.81b37d5b6daa

LUN Id.	LUN Path	R/W Mode	SCSI Serial No.	SCSI Id.	Transfer Mode	Unmap LUN
0	/dev/iscsi-test/iscsi-tes	write-thru	smzo25-WkFP-rmKP	smzo25-WkFP-rmKP	blockio	Unmap

图 5-32　创建 iSCSI 逻辑分区之八

5.2.3　创建多路径访问 iSCSI 存储

对于 Openfiler 存储或其他存储来说，单路径访问无法实现冗余以及负载均衡，为避免单点故障，需要配置存储的多路径访问，本节实战操作将创建 Openfiler 存储多路径访问。

第 1 步，单击“System”菜单，可以看到系统有 2 张物理网卡，如图 5-33 所示，eth0 配置了静态 IP 地址，eth1 是通过 DHCP 获取 IP 地址，点击“Configure”配置。

Network Interface Configuration

Interface	Boot Protocol	IP Address	Network Mask	Speed	MTU	Link	Edit
eth0	Static	172.16.1.52	255.255.255.0	10000Mb/s	1500	Yes	Configure
eth1	DHCP	192.168.1.223	255.255.255.0	10000Mb/s	1500	Yes	Configure

Create bonded interface

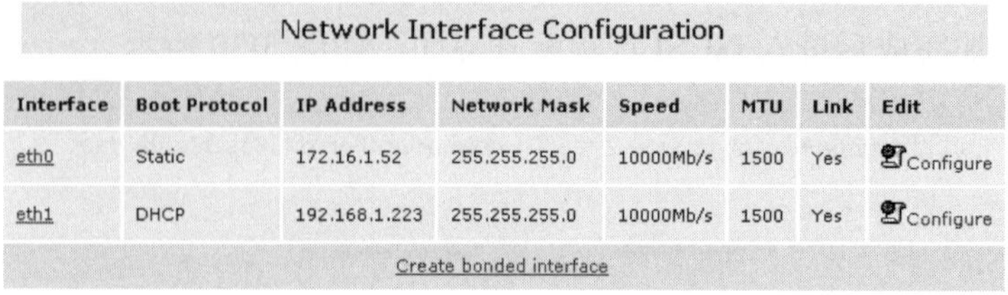

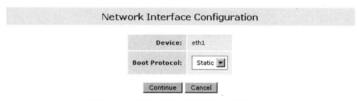

图 5-33　创建多路径访问 iSCSI 之一

第 2 步，打开网络接口配置界面，如图 5-34 所示，选择配置静态 IP 地址，单击“Continue”按钮。

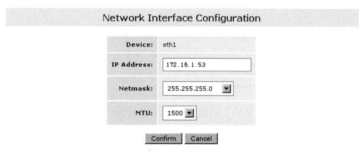

图 5-34　创建多路径访问 iSCSI 之二

第 3 步，输入 IP 地址 172.16.1.53，掩码 255.255.255.0，如图 5-35 所示，单击“Confirm”按钮。

图 5-35　创建多路径访问 iSCSI 之三

第 4 步，配置完成，如图 5-36 所示。

Network Interface Configuration

Interface	Boot Protocol	IP Address	Network Mask	Speed	MTU	Link	Edit
eth0	Static	172.16.1.52	255.255.255.0	10000Mb/s	1500	Yes	Configure
eth1	Static	172.16.1.53	255.255.255.0	10000Mb/s	1500	Yes	Configure

Create bonded interface

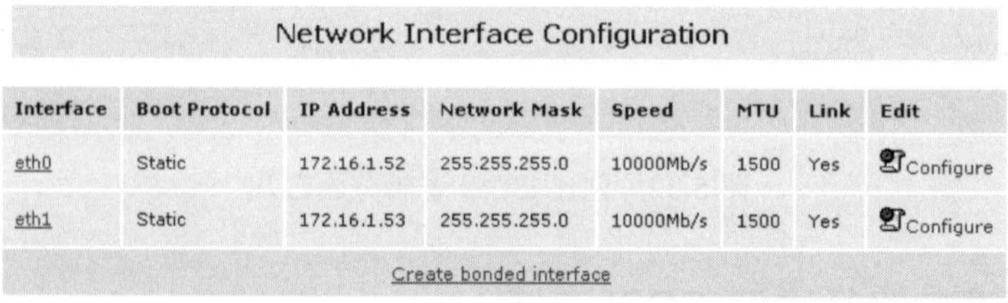

图 5-36　创建多路径访问 iSCSI 之四

关于 ESXi 主机如何访问 Openfiler 创建的 iSCSI 卷，请参考第 4 章相关内容。

5.3　本章小结

本章使用 Openfiler 创建了存储服务器，并且配置了 iSCSI 连接。不少技术人员喜欢使用基于 Windows 架构的 iSCSI Target，常见的有 Microsoft iSCSI Software Target、StarWind 等，原因是配置简单，管理方便。本书认为，传统 Windows 系统的稳定性和 Linux 系统相比还是存在差距，如果用于测试环境，是没有任何问题的，但用于生产环境就必须对其进行严格的评估。如果在生产环境下使用 Windows Server 2008/2012 提供的 NFS 服务，建议该服务器只运行 NFS 服务，其他服务全部关闭。

Openfiler 虽然是开源免费软件，但其稳定性和安全性相当高，如果企业不考虑专业级存储的话，将 Openfiler 用于生产环境是完全可以的。

第 6 章　创建管理虚拟机

回顾前面的章节，已经介绍了 ESXi 主机、vCenter Server、虚拟交换机、存储，并且完成了安装与配置。虚拟机运行的环境已经搭建，本章将介绍如何创建、管理虚拟机。

本章要点

- 虚拟机介绍
- 创建虚拟机
- 虚拟机模板的使用
- 虚拟机快照的使用

6.1　虚拟机介绍

Virtual Machine 即虚拟机，从某种意义上看，其实也是一台物理机，与物理机一样具有 CPU、内存、硬盘等硬件资源，只不过这些硬件资源是以虚拟硬件方式存在，在创建虚拟机之前，先了解一下虚拟机的一些概念。

6.1.1　什么是虚拟机

引用 VMware 官方的解释：虚拟机是一个可在其上运行受支持的客户操作系统和应用程序的虚拟硬件集，它由一组离散的文件组成。

6.1.2　组成虚拟机文件

虚拟机是由一组离散的文件组成的，下面来了解一下虚拟机究竟由哪些文件组成。

1. 配置文件

命名规则：<虚拟机名称>.vmx。这个文件纪录了操作系统的版本、内存大小、硬盘类型以及大小、虚拟网卡 MAC 地址等信息。

2. 交换文件

命名规则：<虚拟机名称>.vswp。类似于 Windows 系统的页面文件，主要用于虚拟机开关机时内存交换使用。

3. BIOS 文件

命名规则：<虚拟机名称>.nvram。为了与物理服务器相同，产生虚拟机的 BIOS。

4. 日志文件

命名规则：vmware.log。虚拟机的日志文件。

5. 硬盘描述文件

命名规则：<虚拟机名称>.vmdk。虚拟硬盘的描述文件，与虚拟硬盘有差别。

6. 硬盘数据文件

命名规则：<虚拟机名称>.flat.vmdk。虚拟机使用的虚拟硬盘，实际所使用虚拟硬盘的容量就是此文件的大小。

7. 挂起状态文件

命名规则：<虚拟机名称>.vmss。虚拟机进入挂起状态产生的文件。

8. 快照数据文件

命名规则：<虚拟机名称>.vmsd。创建虚拟机快照时产生的文件。

9. 快照状态文件

命名规则：<虚拟机名称>.vmsn。如果虚拟机快照包括内存状态，就会产生此文件。

10. 快照硬盘文件

命名规则：<虚拟机名称>.delta.vmdk。使用快照时，原 vmdk 会保持原状态，同时产生 delta.vmdk 文件，所有的操作都是在 delta.vmdk 上进行。

11. 模板文件

命名规则：<虚拟机名称>.vmtx。虚拟机创建模板后产生。

6.1.3 虚拟机硬件介绍

在创建一台虚拟机时，必须配置相对应的虚拟硬件资源。ESXi 5.0 主机使用的是最新发布的虚拟机硬件第 8 版，下面我们来了解一下虚拟机虚拟硬件资源情况。

1. 虚拟机整体硬件资源配置

图 6-1 所示为 VMware 官方对一台虚拟机硬件配置的说明。

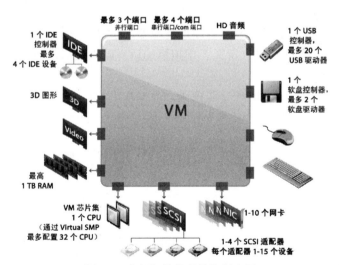

图 6-1 虚拟机整体硬件资源配置

2. ESXi 主机与各个版本的虚拟机硬件兼容性

ESXi 5.0 主机上虚拟机使用的是第 8 版本的虚拟硬件，早于第 8 版本的虚拟机也可以在 ESXi 5.0 主机上运行，但某些功能可能会受限制。表 6-1 是 ESXi 主机与各个版本的虚拟机硬件兼容性的说明。

表 6-1   ESXi 主机与各个版本虚拟机硬件兼容性

主机版本	虚拟硬件的兼容性		兼容 vCenter Server 版本	
	第 8 版	第 7 版	第 4 版	vCenter Server
ESXi 5.0	创建、编辑、运行	创建、编辑、运行	编辑、运行	5.0
ESXi 4.x	不支持	创建、编辑、运行	创建、编辑、运行	4.x
ESXi 3.x	不支持	不支持	创建、编辑、运行	2.x

3. 虚拟机硬盘类型的说明

在创建虚拟机的时候，会对虚拟机使用的硬盘类型进行选择。

Thick Provision Lazy Zeroed 即厚盘延迟置零。创建虚拟机时的默认类型，所有空间都被分配，但是原来在磁盘上写入的数据不被删除。存储空间中的现有数据不被删除而是保留在物理磁盘上，擦除数据和格式化只在第一次写入磁盘时进行，这样会降低性能。VAAI的块置零特性极大地减轻了这种性能降低的现象。

Thick Provision Eager Zeroed 即厚盘置零。所有空间被保留，数据完全从磁盘上删除，磁盘创建时进行格式化，创建这样的磁盘花费时间比延迟置零长，但增强了安全性，同时，写入磁盘性能要比延迟置零好。

Thin Provision 即精简盘。使用此类型，空间不会一开始就被全部使用，而是随数据的增加而增加，例如给虚拟机设置了 40GB 空间，安装操作系统使用了 10GB 空间，那么空间大小应该是 10GB，而不是 40GB，这样做的好处是节省了空间。

对需要高性能的应用建议使用厚盘，因为厚盘能够更好支持 HA、FT 等特性，如果已经使用了精简盘，可以将磁盘类型修改为厚盘。

4. 虚拟机硬盘模式

在创建虚拟机的时候，除了虚拟机硬盘类型外，还存在对虚拟机硬盘模式的选择。

Independent Persistent 即独立持久。虚拟机的所有硬盘读写都写入 VMDK 文件中，这种模式提供最佳性能。

Independent Nopersistent 即独立非持久。虚拟机启动后进行的所有修改被写入一个文件，此模式的性能不是很好。

6.2 创建虚拟机

6.2.1 创建虚拟机

本节实战操作将使用 Windows Server 2008 操作系统在 ESXi02（172.16.1.2）主机上创建一台名为"vCenter Server"的虚拟机。

第 1 步，使用 VMware vSphere Client 登录 ESXi02（172.16.1.2）主机，在"172.16.1.2"上点击右键，选择"New Virtual Machine"（新建虚拟机），如图 6-2 所示。

第 2 步，进入虚拟机创建向导，创建选择有"Typical"（典型）和"Custom"（自定义）2 种模式，选择"Typical"，如图 6-3 所示，单击"Next"按钮。

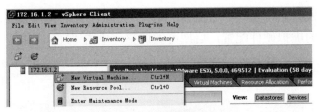

图 6-2　创建虚拟机之一

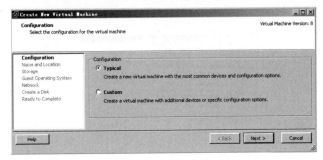

图 6-3　创建虚拟机之二

第 3 步，输入创建虚拟机的名称，如图 6-4 所示，输入 "vCenter Server"，单击 "Next" 按钮。

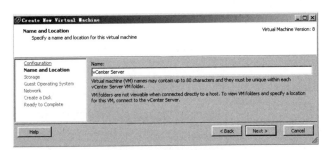

图 6-4　创建虚拟机之三

第 4 步，选择虚拟机文件存放的位置，此时选择 iscsi_vm 存储，以便使用 vSphere 虚拟化的高级特性，如图 6-5 所示，单击 "Next" 继续。

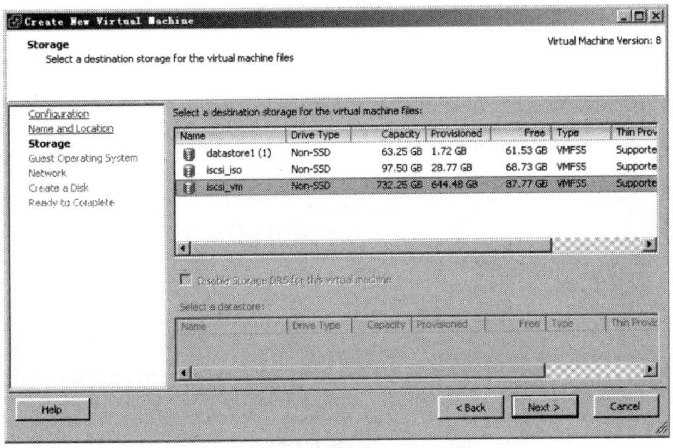

![图 6-5 创建虚拟机之四界面截图]

图 6-5　创建虚拟机之四

第 5 步，选择操作系统类型，如图 6-6 所示，使用内置的操作系统，ESXi 会自动给出该操作系统所需要的虚拟硬件配置，后期可做调整，单击"Next"按钮。

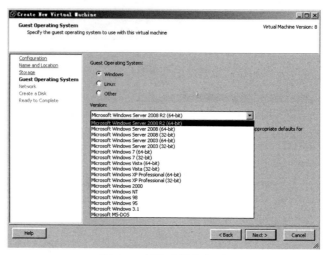

图 6-6　创建虚拟机之五

第 6 步，选择虚拟网卡的数量以及适配器类型，如图 6-7 所示，单击"Next"按钮。

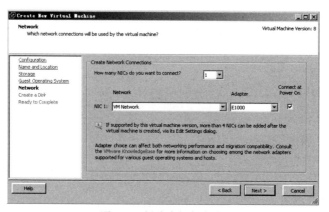

图 6-7　创建虚拟机之六

第 7 步，设置虚拟硬盘参数，容量设置为 40GB，硬盘模式选择精简盘模式，如图 6-8 所示，单击"Next"继续。

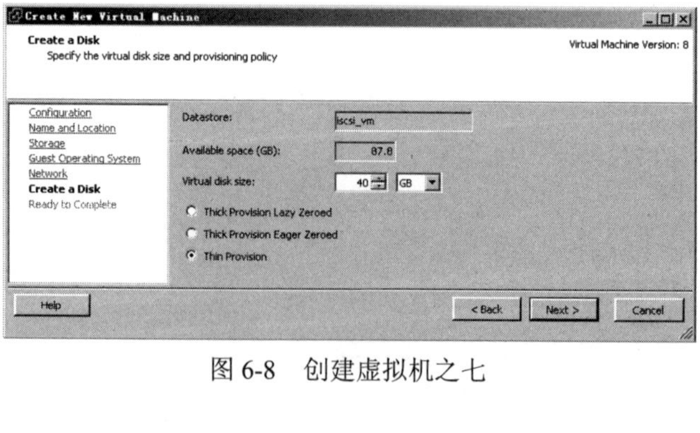

图 6-8　创建虚拟机之七

第 8 步，显示虚拟机的硬件信息，如图 6-9 所示，单击"Finish"按钮。

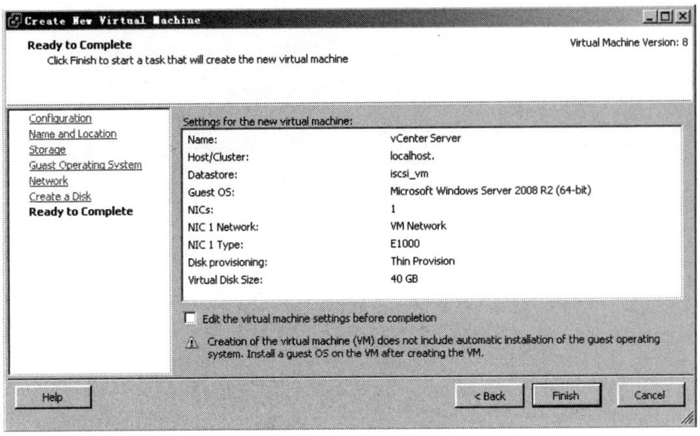

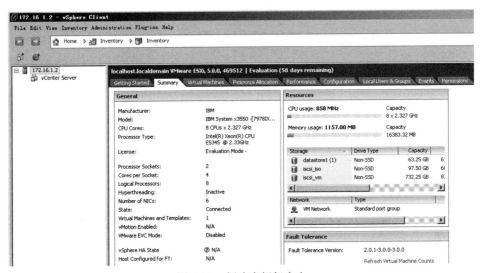

图 6-9 创建虚拟机之八

第 9 步，名为"vCenter Server"的虚拟机创建完成，如图 6-10 所示。

图 6-10 创建虚拟机之九

6.2.2 在虚拟机上安装操作系统

本节实战操作将在刚创建好的虚拟机上安装 Windows Server 2008 R2 操作系统，安装前请通过合法渠道取得 Windows Server 2008 R2 的安装介质，本节操作已经下载好 Windows Server 2008 R2 ISO 文件并上载到 Openfiler 存储上。

第 1 步，配置虚拟机硬件，如图 6-11 所示，挂载 ISO 文件，单击"OK"按钮。

第 2 步，在创建的虚拟机上点击右键，选择"Power"→"Power On"，如图 6-12 所示，打开虚拟机电源。

第 3 步，在创建的 vCenter Server 虚拟机上点击右键，选择"Open Console"，如图 6-13 所示，打开虚拟机控制窗口。

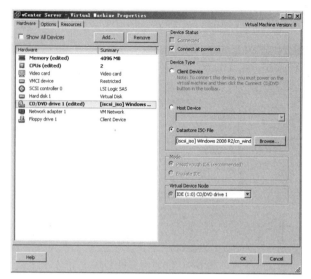

图 6-11　在虚拟机上安装操作系统之一

图 6-12　在虚拟机上安装操作系统之二

图 6-13　在虚拟机上安装操作系统之三

第 4 步，进入操作系统安装界面，如图 6-14 所示，与物理机安装方式相同，在此不作详细介绍。

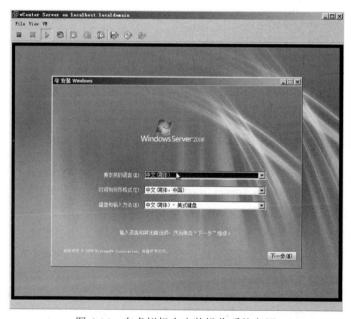

图 6-14　在虚拟机上安装操作系统之四

第 5 步，如图 6-15 所示为操作系统安装完成启动后的界面。

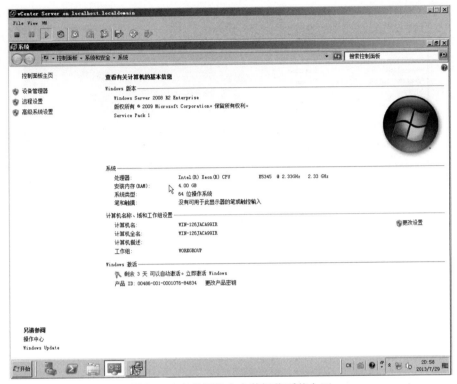

图 6-15　在虚拟机上安装操作系统之五

第 6 步，对于虚拟机来说，操作系统本身并不能完全识别虚拟硬件，操作系统安装完成后必须安装 VMware Tools，以便虚拟机能够更好地识别虚拟硬件，如图 6-16 所示。

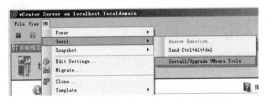

图 6-16　在虚拟机上安装操作系统之六

6.2.3　开机状态调整虚拟机硬件配置

在传统环境中，对物理服务器增加删除硬件必须在关机状态下进行。虽然目前有一些热插拔技术，但对于主要硬件 CPU、内存来说，基本上是不能实现的。ESXi 主机上运行的虚拟机，只要操作系统支持，开机前进行了相应的设置，可轻松在开机状态下增加硬件。本节实战操作将对 ESXi02（172.16.1.2）主机上的 BDnetlab_Windows_2008_DC 虚拟机在开机状态下增加 CPU、内存。

第 1 步，编辑虚拟机配置，默认情况 "Memory/CPU Hotplug" 是关闭的，选择 "Enable memory hot add for this virtual machine" 和 "Enable CPU hot add for this virtual machine"，打

开热插拔选项,如图 6-17 所示,单击"OK"按钮。

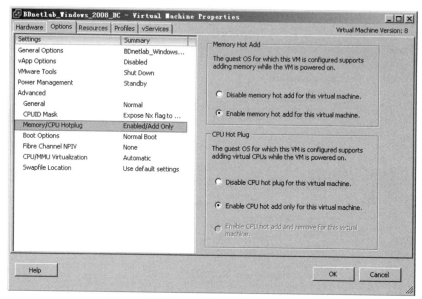

图 6-17　开机状态调整虚拟机硬件配置之一

第 2 步,启动虚拟机,查看硬件配置,如图 6-18 所示,可以看到目前虚拟机具有 1 个 vCPU、2GB 内存。

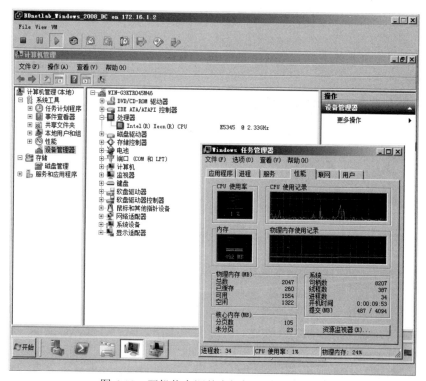

图 6-18　开机状态调整虚拟机硬件配置之二

第 3 步，单击"VM"菜单，选择"Edit Settings"，如图 6-19 所示。

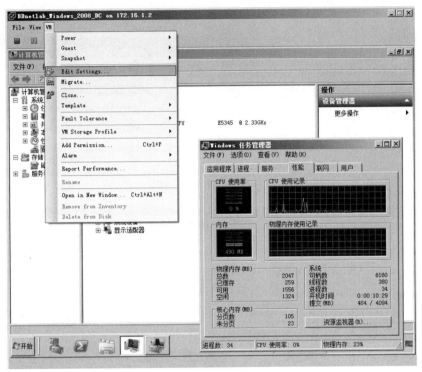

图 6-19　开机状态调整虚拟机硬件配置之三

第 4 步，将内存调整为 4GB，vCPU 调整为 2 个，如图 6-20 所示，单击"OK"按钮。

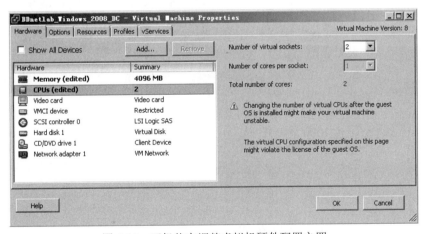

图 6-20　开机状态调整虚拟机硬件配置之四

第 5 步，通过 VMware vSphere Client 查看虚拟机硬件配置，通过图 6-21 可以看到目前虚拟机 CPU 为 2 个 vCPU、4GB 内存。

第 6 步，打开 BDnetlab_Windows_2008_DC 虚拟机控制窗口，通过图 6-22 可以看到虚拟机目前有 2 个 vCPU、4GB 物理内存。

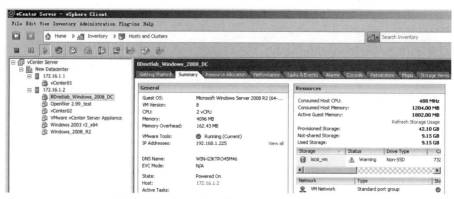

图 6-21　开机状态调整虚拟机硬件配置之五

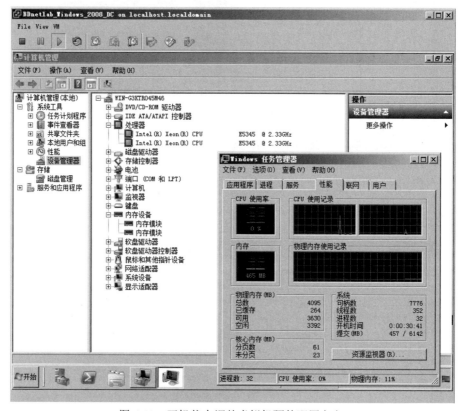

图 6-22　开机状态调整虚拟机硬件配置之六

6.2.4　挂载虚拟机到 ESXi 主机

如果因为误操作或其他原因将虚拟机从 ESXi 主机移除了（注意不是从存储删除），可以通过重新挂载的方式将虚拟机挂载到 ESXi 主机。以案例进行介绍，ESXi01（172.16.1.1）主机只有 vCenter01 虚拟机，需要将存储上的虚拟机 Cisco_ACS_5.2 重新挂载。

第 1 步，在 ESXi01（172.16.1.1）主机外部存储 iscsi_vm 上单击右键，选择"Browse Datastore"（浏览存储），如图 6-23 所示。

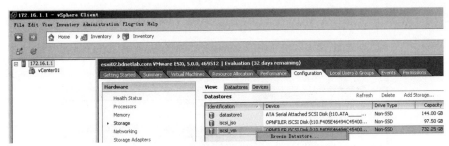

图 6-23 从存储将虚拟机挂载到 ESXi 主机之一

第 2 步，打开共享存储窗口，找到虚拟机 "Cisco_ACS_5.2" 的文件夹，选择 "Cisco_ACS_5.2.vmx"，在上面单击右键，如图 6-24 所示，单击 "Add to Inventory" 选项。

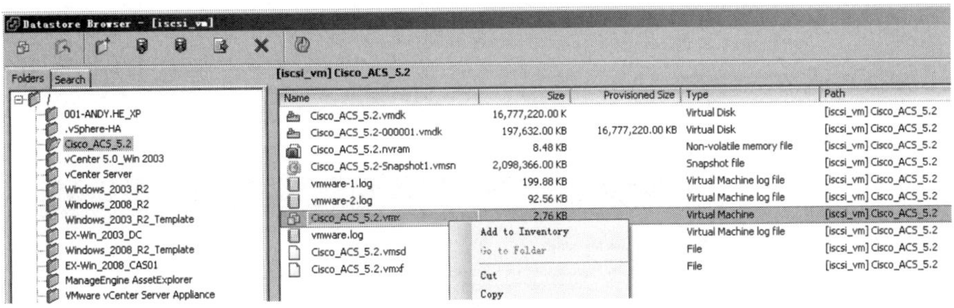

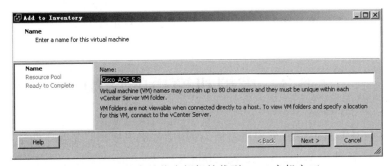

图 6-24 从存储将虚拟机挂载到 ESXi 主机之二

第 3 步，输入重新挂载到 ESXi 主机虚拟机的名字，如图 6-25 所示，单击 "Next" 按钮。

图 6-25 从存储将虚拟机挂载到 ESXi 主机之三

第 4 步，设置虚拟机需要存放的 ESXi 主机位置，如图 6-26 所示，单击 "Next" 按钮。

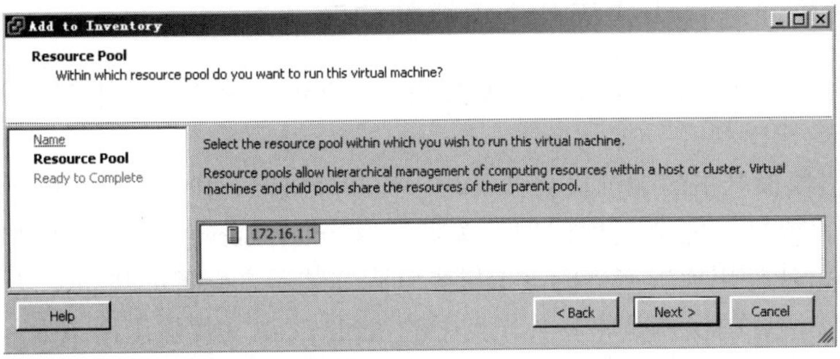

图 6-26 从存储将虚拟机挂载到 ESXi 主机之四

第 5 步，完成准备操作，如图 6-27 所示，单击"Finish"按钮。

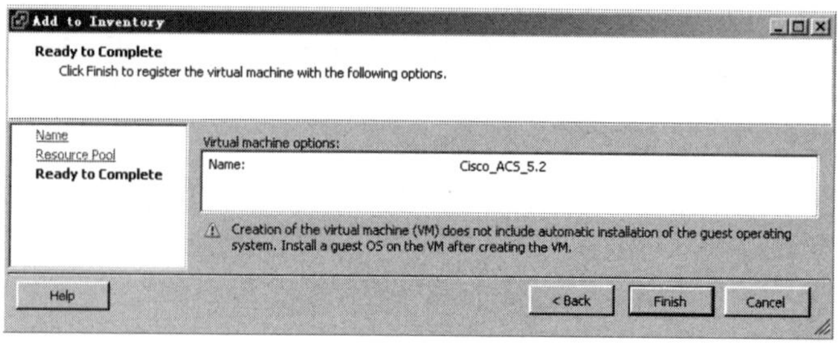

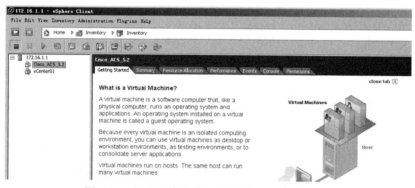

图 6-27 从存储将虚拟机挂载到 ESXi 主机之五

第 6 步，通过图 6-28 可以看到 Cisco_ACS_5.2 虚拟已经挂载到 ESXi01（172.16.1.1）主机上。

图 6-28 从存储将虚拟机挂载到 ESXi 主机之六

6.3 虚拟机模板的使用

Virtual Machine Template 即虚拟机模板。使用虚拟机模板实际是为了快速地部署虚拟机，比如生产环境中经常使用 Windows Server 2008 R2，如果每次都采用新建虚拟机的方式，会花费大量的精力和时间，可以将先安装好的一台 Windows Server 2008 R2 虚拟机转换为模板，下一次需要使用的时候就可以很快地通过模板生产一台新的 Windows Server 2008 R2。

6.3.1 虚拟机转换为模板几个重要的问题

在创建使用虚拟机模板前，必须了解使用 Windows 系统作为模板的几个重要问题。

1. Windows SID 相同

使用虚拟机模板产生的虚拟机会具有相同的计算机名、IP 地址、SID 等，在生产环境中使用这样的虚拟机可能会出现问题。为此，vCenter Server 为每个虚拟机提供了执行 sysprep 的功能，让使用模板产生的虚拟机恢复到安装后未配置的状态。以 Windows 2003 Server 为例，需要进行的操作是将安装光盘中的 deploy.cab 文件解压出来放入 vCenter Server 的安装目录 C:\XXXX\VMware\VMware VirtualCenter\sysprep\svr2003 中。对于 Windows 7

以及 Windows Server 2008 以后的版本，vCenter Server 已经将其自行添加，不需要此操作。

2．Windows 授权

虚拟化架构同时也影响了 Windows 系统的授权问题，传统的 Windows 系统授权是采用一台物理机一个序列号方式。针对虚拟化架构的大规模使用，微软公司也在调整其授权方式，以 Windows 2008 Server 进行说明。

Standard（标准版）：可在一台物理服务器上安装一个虚拟机。

Enterprise（企业版）：可在一台物理服务器上安装 4 个虚拟机。

DataCenter（数据中心版）：可在一台物理服务器上安装无限个虚拟。

需要注意的是，这种授权方式只能在一台物理服务器上使用。假设我们使用 Windows Server 2008 Enterprise，在 ESXi 主机上已经安装了 4 个 Windows Server 2008 Enterprise 虚拟机，如果通过 vMotion 迁移过一台 Windows Server 2008 Enterprise 虚拟机，那么这台 ESXi 主机上就有 5 个虚拟机。根据 Windows 授权规则，这属于非法授权模式。

6.3.2　创建虚拟机模板

在 6.2.1 小节中，已经在 ESXi02（172.16.1.2）主机安装好了一台 Windows Server 2008 R2 的虚拟机，将其转换为模板以方便后续使用。

第 1 步，在 Windows_2008_R2 虚拟机上单击鼠标右键，选择"Template"，出现 2 个选项，如图 6-29 所示，此时选择"Clone to Template"（克隆为模板）。

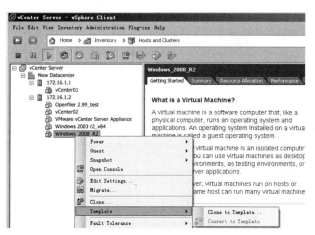

图 6-29　将虚拟机转换为模板之一

参数解释如下。

① Clone to Template（克隆为模板）：由虚拟机通过复制的方式产生模板，原虚拟机保留。

② Convert to Template（转换为模板）：直接将虚拟机转换成模板（仅能在虚拟机关机情况下操作），原虚拟机不保留。

第 2 步，提示输入模板的名称，此时输入"Windows_2008_R2_Template"，再选择放入的数据中心，如图 6-30 所示，单击"Next"按钮。

第 3 步，选择模板存放的 ESXi 主机位置，选择 ESXi01（172.16.1.1）主机，如图 6-31

所示，系统会进行兼容性校验，检验成功后单击"Next"按钮。

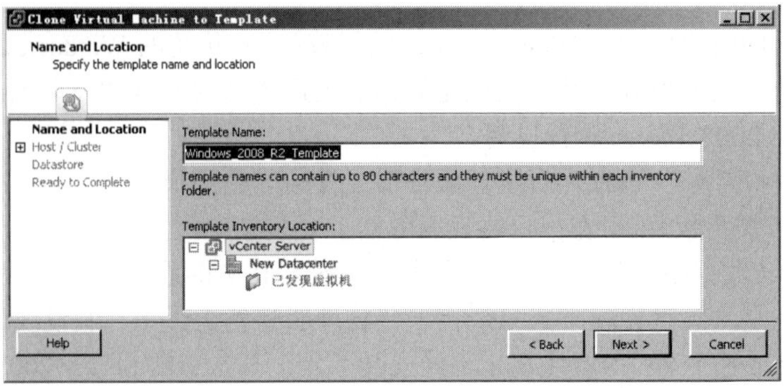

图 6-30 将虚拟机转换为模板之二

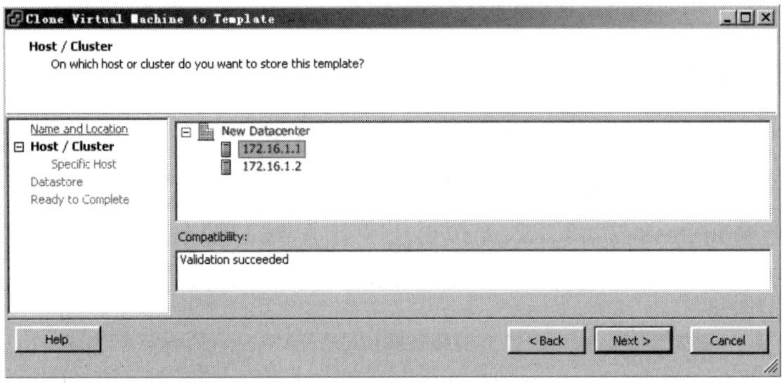

图 6-31 将虚拟机转换为模板之三

第 4 步，选择虚拟硬盘的格式以及存储的位置，选择精简盘模式，将虚拟机模板存放在 iscsi_vm 存储上，如图 6-32 所示，单击"Next"按钮。

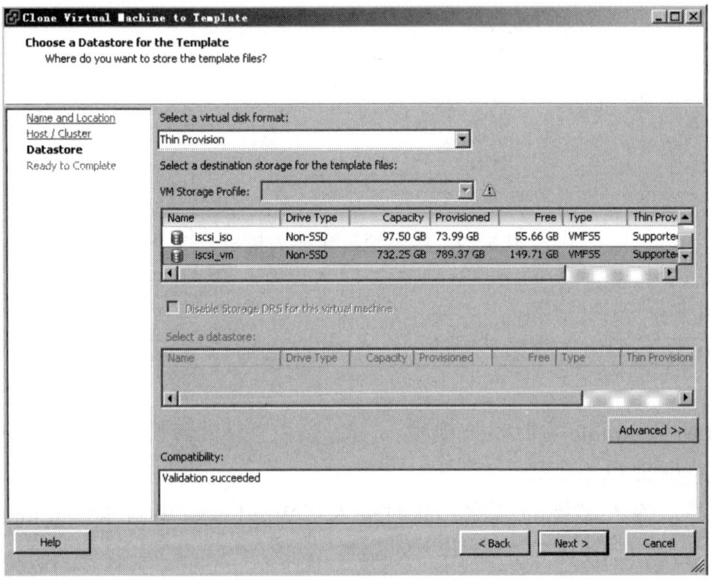

图 6-32 将虚拟机转换为模板之四

第 5 步，完成准备操作，如图 6-33 所示，单击"Finish"按钮。

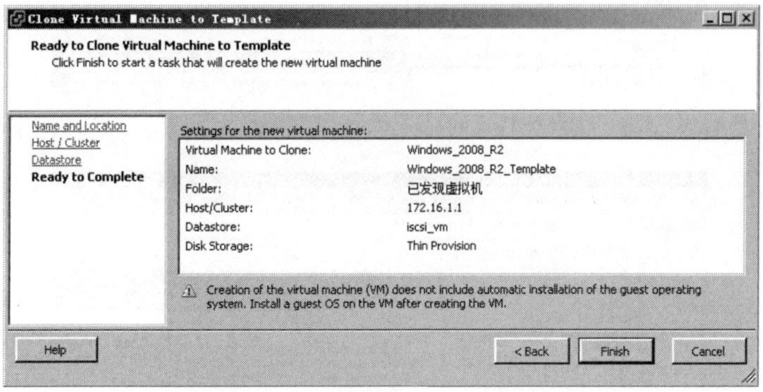

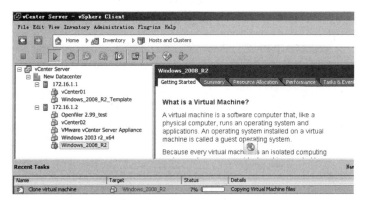

图 6-33　将虚拟机转换为模板之五

第 6 步，开始执行虚拟机克隆到模板的操作，如图 6-34 所示。

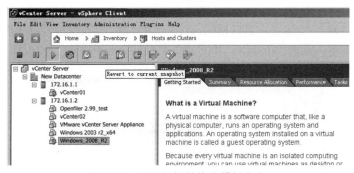

图 6-34　将虚拟机转换为模板之六

第 7 步，克隆完成，通过图 6-35 可以看到原来的 Windows_2008_R2 虚拟机还保留在 ESXi02（172.16.1.2）主机上。

图 6-35　将虚拟机转换为模板之七

第 8 步，选择"Home"→"Inventory"→"VMs and Template"，如图 6-36 所示。

第 9 步，可以在新数据中心的"已发现虚拟机"中看到转换的模板，如图 6-37 所示，注意虚拟机和模板图标的差异。

图 6-36　将虚拟机转换为模板之八

图 6-37　将虚拟机转换为模板之九

第 10 步，再看看虚拟机直接转换为模板的差异，在 Windows_2008_R2 虚拟机上单击右键，选择"Template"，此时选择"Convert to Template"，如图 6-38 所示。

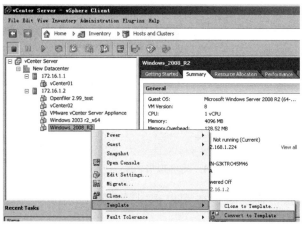

图 6-38　将虚拟机转换为模板之十

第 11 步，转换过程与克隆为模板相同，此处不再详述。看转换成功后 ESXi02（172.16.1.2）主机上虚拟机的清单，此时 Windows_2008_R2 虚拟机已经不存在，如图 6-39 所示。

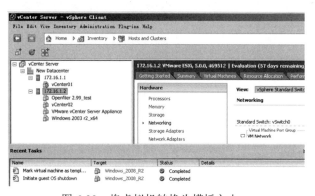

图 6-39　将虚拟机转换为模板之十一

第 12 步，选择 "Home" → "Inventory" → "VMs and Template" 查看虚拟机和模板，如图 6-40 所示，可以看到刚才的 Windows_2008_R2 虚拟机已经转换为模板，在 ESXi02（172.16.1.2）主机上没有保留。

图 6-40　将虚拟机转换为模板之十二

6.3.3　使用虚拟机模板

在 6.3.2 小节已经创建好 Windows_2008_R2_Template 模板，在实战环境中还需要一台 Windows_2008_R2 虚拟机做域控制器，通过 Windows_2008_R2_Template 模板来创建一台 Windows_2008_R2 虚拟机。

第 1 步，在 Windows_2008_R2_Template 模板上单击右键，从模板产生虚拟机有 3 个选项，如图 6-41 所示，此时选择 "Deploy Virtual Machine from this Template"（从这个模板部署虚拟机）。

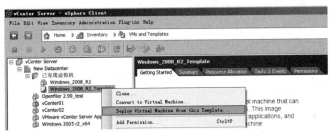

图 6-41　通过 Template 模板创建虚拟机之一

参数解释如下。

① Clone（克隆）：克隆出一样的虚拟机，原模板保留。

② Convert　to　Virtual Machine（转换为虚拟机）：将模板转换为虚拟机，模板不保留。

③ Deploy Virtual Machine from this Template（从这个模板部署虚拟机）：通过模板转换虚拟机，模板保留。

第 2 步，提示输入虚拟机名称，此处我们输入 "BDnetlab_Windows_2008_DC"，如图 6-42 所示，单击 "Next" 按钮。

第 3 步，选择虚拟机存放的 ESXi 主机位置，在此选择 ESXi02（172.16.1.2）主机，如图 6-43 所示，系统会进行兼容性校验，检验成功后单击 "Next" 按钮。

第 4 步，选择虚拟硬盘的格式以及存储的位置，在此选择精简盘模式，将虚拟机存放在 iscsi_vm 存储上，如图 6-44 所示，单击 "Next" 按钮。

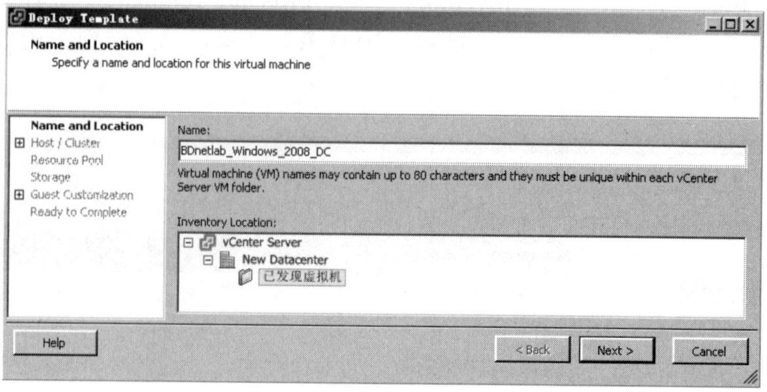

图 6-42　通过 Template 模板创建虚拟机之二

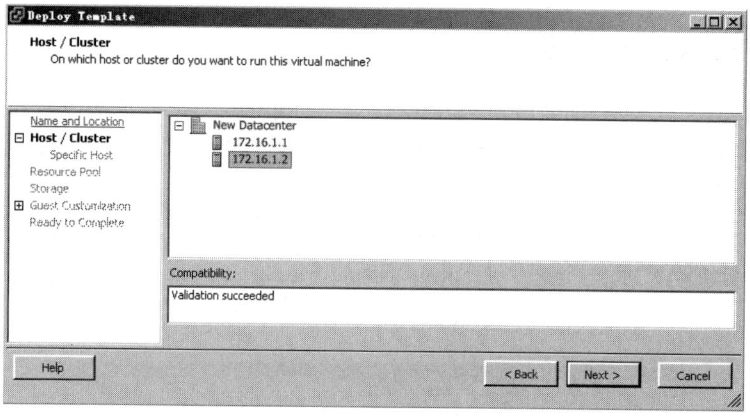

图 6-43　通过 Template 模板创建虚拟机之三

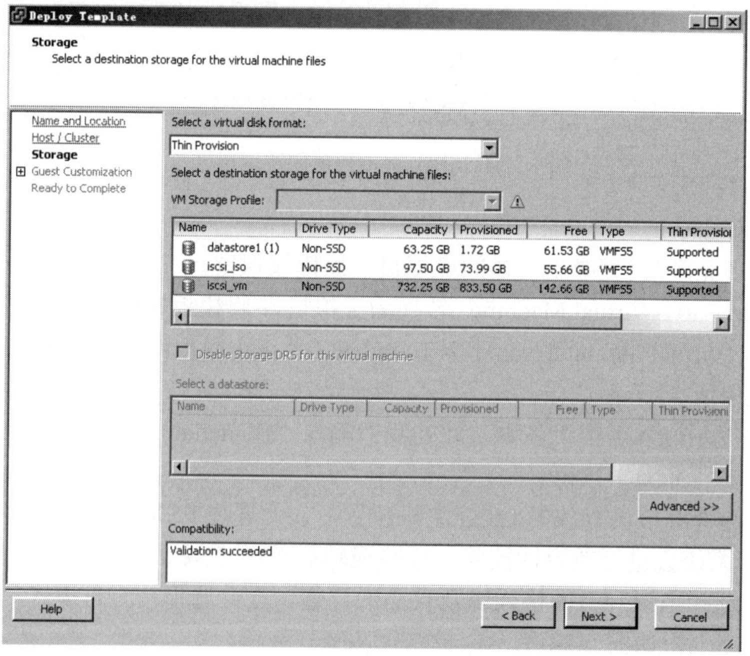

图 6-44　通过 Template 模板创建虚拟机之四

第 5 步，此时提示"Guest Customization"（用户自定义），如果不想执行类似于安装过程输入的信息，选择"Do not customize"，如图 6-45 所示，单击"Next"按钮。

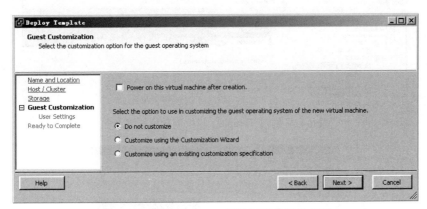

图 6-45　通过 Template 模板创建虚拟机之五

参数解释如下。

① Do not customize（不执行 sysprep）：使用此选项将产生和模板完全相同的虚拟机，包括计算机名、IP 地址、SID 等。

② Customize using Customization Wizard（用户自定义向导）：使用此选项将会出现类似于操作系统安装时需要输入的计算机名、配置 IP 地址、输入序列号等操作。

③ Customize using an existing Customization specification（使用已有的用户自定义）：使用此选项可以使用已有的用户自定义。

第 6 步，完成准备操作，如图 6-46 所示，单击"Finish"按钮。

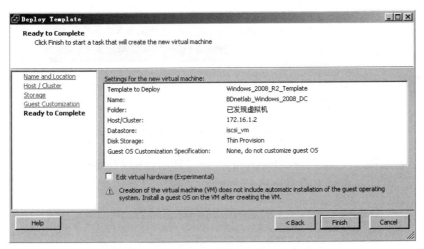

图 6-46　通过 Template 模板创建虚拟机之六

第 7 步，选择"Home"→"Inventory"→"Hosts and Clusters"，如图 6-47 所示，已经可以看到新的虚拟机 BDnetlab_Windows_2008_DC。

第 8 步，再看看模板直接转换为虚拟机的差异。在 Windows_2008_R2 模板上单击右键，选择"Convert to Virtual Machine"，如图 6-48 所示。

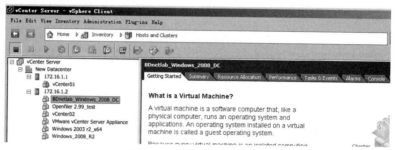

图 6-47　通过 Template 模板创建虚拟机之七

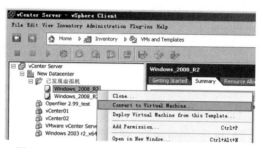

图 6-48　通过 Template 模板创建虚拟机之八

第 9 步，转换过程与通过模板产生相同，此处不再详述。选择"Home"→"Inventory"
→"VMs and Templates"，其中 Windows_2008_R2 图标由模板图标变为虚拟机图标，如图
6-49 所示。

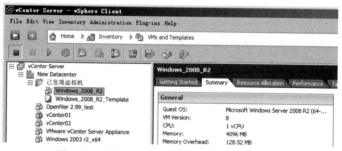

图 6-49　通过 Template 模板创建虚拟机之九

第 10 步，选择"Home"→"Inventory"→"Hosts and Clusters"查看主机和集群，如
图 6-50 所示，可以看到刚才的 Windows_2008_R2 模板已经转换为虚拟机。

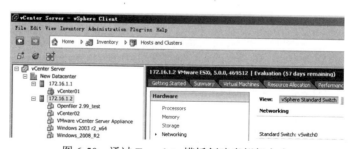

图 6-50　通过 Template 模板创建虚拟机之十

6.4 虚拟机快照的使用

Snapshot 即快照。虚拟机快照是技术人员在调试虚拟机时经常使用的功能之一，它的作用是将虚拟机当前的状态保存下来，后续如果操作失误导致虚拟机崩溃，可以回退到之前保存的状态。快照可以创建多个时间点，可随意选择回到快照的时间点。下面对虚拟机快照的使用进行介绍。

6.4.1 创建虚拟机快照

本节实战操作将在 BDnetlab_Windows_2008_DC 虚拟机上创建快照。

第 1 步，在 BDnetlab_Windows_2008_DC 上单击右键，选择"Snapshot"中的"Take Snapshot"，如图 6-51 所示。

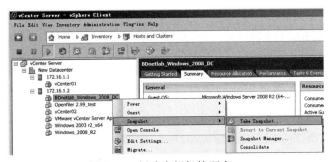

图 6-51 创建虚拟机快照之一

第 2 步，设置快照的名称以及描述信息，这是为了方便我们查看快照的信息，如图 6-52 所示，设置好后单击"OK"按钮。

第 3 步，执行快照，如图 6-53 所示。

图 6-52 创建虚拟机快照之二

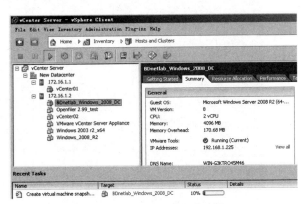

图 6-53 创建虚拟机快照之三

第 4 步，在 BDnetlab_Windows_2008_DC 上单击右键，选择"Snapshot"→"TSnapshot Manager"查看快照，如图 6-54 所示，已经可以看到刚才创建的快照。

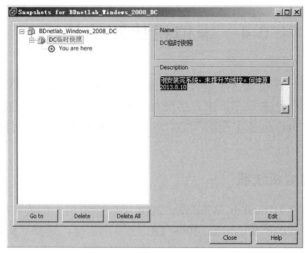

图 6-54　创建虚拟机快照之四

6.4.2　使用虚拟机快照

已经创建了快照，如何使用虚拟机快照呢？打开 BDnetlab_Windows_2008_DC 虚拟机，在上面创建 2 个文件夹，再使用回退快照的方式查看效果。

第 1 步，打开 BDnetlab_Windows_2008_DC 虚拟机，新建 2 个文件夹，如图 6-55 所示。

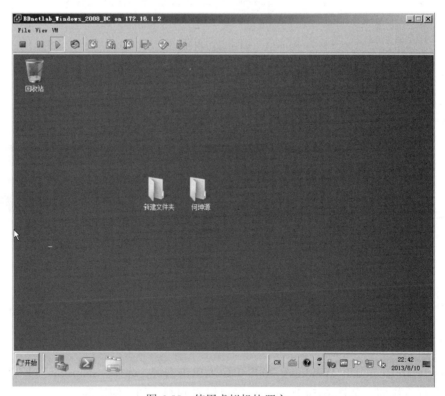

图 6-55　使用虚拟机快照之一

第 2 步，在 BDnetlab_Windows_2008_DC 上单击右键，选择"Snapshot"中的"Revert to Current　Snapshot"，如图 6-56 所示。

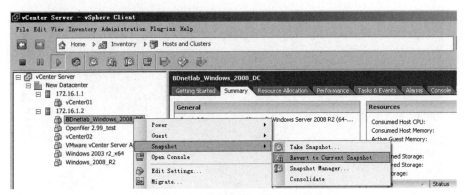

图 6-56　使用虚拟机快照之二

第 3 步，询问是否回退到快照状态，如图 6-57 所示，单击"是（Y）"按钮。

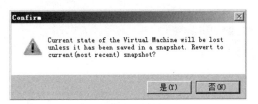

图 6-57　使用虚拟机快照之三

第 4 步，执行回退快照，如图 6-58 所示。

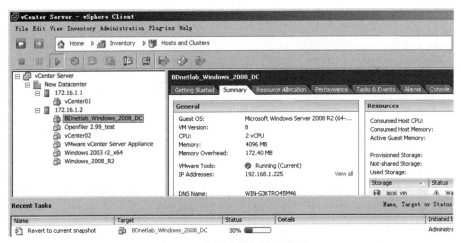

图 6-58　使用虚拟机快照之四

第 5 步，打开 BDnetlab_Windows_2008_DC 虚拟机，如图 6-59 所示，可以看到虚拟机回退到创建文件夹前的状态，刚才新建的 2 个文件夹已经不存在。

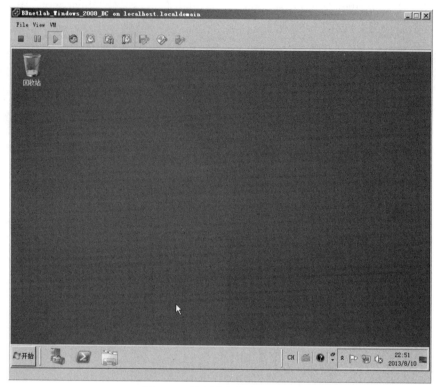

图 6-59　使用虚拟机快照之五

6.5　本章小结

本章介绍了如何创建虚拟机、模板，如何通过模板创建虚拟机，以及虚拟机快照的使用等内容。在生产环境下使用虚拟机，需要注意以下几个问题。

- Windows 系统虚拟机授权

在生产环境使用 Windows 系统虚拟机一定要取得相应授权，非法授权可能会引发法律问题。

- 虚拟机快照

不少技术人员把快照当作是虚拟机备份的工具，在此提醒，此做法是不正确的。快照只能作为日常调试虚拟机的一个工具，对于虚拟机备份请使用专业的工具。同时，虚拟机过多的快照可能会影响 vCenter Server 高级功能的实现。

第 7 章 虚拟机实时迁移

vMotion 即实时迁移，是 vSphere 虚拟化的高级特性之一，可以将正在运行的虚拟机从一个 ESXi 主机迁移到另一个 ESXi 主机上。vSphere 虚拟化架构中的 HA、DRS 等高级特性必须依靠 vMotion 才能实现。本章将介绍虚拟机以及存储如何在 ESXi 主机之间进行迁移。

本章要点
- 实时迁移介绍
- 迁移虚拟机
- 迁移存储

7.1 实时迁移介绍

在开始使用迁移前，首先对迁移的工作原理以及迁移对虚拟机的要求等进行介绍。

7.1.1 实时迁移的原理

实时迁移的原理是在激活迁移后，系统先将原 ESXi 主机上的虚拟机内存状态克隆到目标 ESXi 主机上，再接管虚拟机硬盘文件，当所有操作完成后，在目标 ESXi 主机上激活虚拟机。那么迁移的具体原理是什么呢？下面以图 7-1 为例介绍迁移步骤。

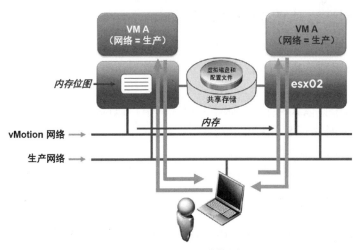

图 7-1　vMotion 迁移的原理

第 1 步，根据图 7-1 所示，虚拟机 A 为生产环境重要的服务器，不能出现中断的情况。此时需要对虚拟机 A 所在的 ESXi 主机进行维护操作，需要在虚拟机 A 不关机的情况下将其迁移到 ESXi02 主机。

第 2 步，激活迁移操作后会在 ESXi02 主机上产生与 ESXi01 主机一样配置的虚拟机，此时 ESXi01 主机会创建内存位图，在进行迁移操作的时候，所有对虚拟机的操作都会记录在内存位图中。

第 3 步，开始克隆 ESXi01 主机虚拟机 A 的内存到 ESXi02 上。

第 4 步，内存克隆完成后，由于在克隆的这段时间，虚拟机 A 的状态已经发生变化，所以，ESXi01 主机的内存位图也需要克隆到 ESXi02 主机上，此时会出现短暂的停止时间，但由于内存位图克隆的时间非常短，用户几乎感觉不到停止的情况。

第 5 步，内存位图克隆完成后，ESXi02 主机会根据内存位图激活虚拟机 A。

第 6 步，此时系统会对网卡的 MAC 地址重新对应，将 ESXi01 主机所代表的 MAC 地址换成 ESXi02 主机的 MAC 地址，目的是将报文重新定位到 ESXi02 主机上的虚拟机 A。

第 7 步，当 MAC 地址重新对应成功后，ESXi01 主机上的虚拟机 A 会被删除，将内存释放出来，迁移操作完成。

7.1.2　实时迁移对虚拟机的要求

在 vSphere 虚拟化环境中，对要实施迁移的虚拟机也存在一定的要求。

① 虚拟机所有文件必须存放在共享存储上。

② 虚拟机不能与装载了本地映像的虚拟设备（如 CD－ROM、USB、串口等）连接。

③ 虚拟机不能与没有连接上外部网络的虚拟交换机连接。

④ 虚拟机不能配置 CPU 关联性。

⑤ 如果虚拟机使用 RDM，目标主机必须能够访问 RDM。

⑥ 如果目标主机无法访问虚拟机的交换文件，vMotion 必须能够创建一个使用目标主机可以访问的交换文件，然后才能开始迁移。

7.1.3　实时迁移对 ESXi 主机的要求

ESXi 主机的硬件配置对 vMotion 同样重要，其标准如下。

① 源主机和目标主机的 CPU 功能集必须兼容，可以使用增强型 vMotion 兼容性（EVC）或隐藏某些功能。

② 至少 1 张千兆以太网卡。1 张千兆以太网卡可以同时进行 4 个并发的迁移，1 张万兆以太网卡可以同时进行 8 个并发的迁移。

③ 对相同物理网络的访问权限。

④ 能够看到虚拟机使用的所有存储，每个 VMFS 数据存储可以同时进行 128 个迁移。

7.1.4　实时迁移对 CPU 的限制

在不同 ESXi 主机之间进行迁移操作时，对于 CPU 来说存在很多的限制，通过表 7-1 来了解限制的情况。

CPU 特性	是否要求完全匹配	原　　因
时钟频率、缓存大小、核心数量、超线程支持	否	由 VMkernel 虚拟化
制造商以及产品系列	是	指令集存在许多区别
指令集	是	应用程序可以直接使用多媒体指令
虚拟化硬件辅助	32 位虚拟：否	由 VMkernel 虚拟化
	Intel 64 位虚拟机：是	VMware 在 Intel 64 位平台上利用了 VT 技术
执行－禁用（NX/XD 位）	是（自定义）	操作系统依赖于 NX/XD 位

表 7-1　　　　　实时迁移对 CPU 的限制

7.2　迁移虚拟机

7.2.1　创建实时迁移通信端口

实时迁移时，建议使用专用的通信端口，因为迁移过程会占用大量的网络带宽。如果迁移与 iSCSI 存储通信端口共用，会严重影响 iSCSI 存储的性能。如何创建基于 VMkernel 的迁移通信端口请参考第 3 章相关内容。

7.2.2　开机状态迁移虚拟机

在本节实战操作中，将位于 ESXi02（172.16.1.2）主机上的 vCenter02 虚拟机在不关机的情况下迁移到 ESXi01（172.16.1.1）主机上。

第 1 步，在 vCenter02 上单击右键，选择"Migrate"（迁移），如图 7-2 所示。

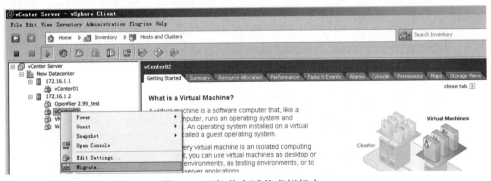

图 7-2　开机状态迁移虚拟机之一

第 2 步，选择迁移的类型，其中 3 个选项："Change host"（迁移主机）、"Change datastore"（迁移存储）、"Change both host and datastore"（同时迁移主机和存储，只能在关机状态下进行，虚拟机开机状态呈灰色不能选择），如图 7-3 所示，此处选择"Change host"，单击"Next"按钮。

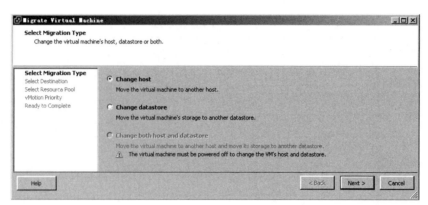

图 7-3 开机状态迁移虚拟机之二

第 3 步，选择 vCenter02 虚拟机，迁移到 ESXi01（172.16.1.1）主机，如图 7-4 所示，此时系统会进行兼容性校验，校验成功后单击"Next"按钮。

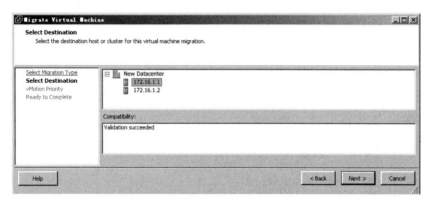

图 7-4 开机状态迁移虚拟机之三

第 4 步，设置迁移虚拟机的优先级，选择"High priority（Recommended）"高优先级，如图 7-5 所示，单击"Next"按钮。

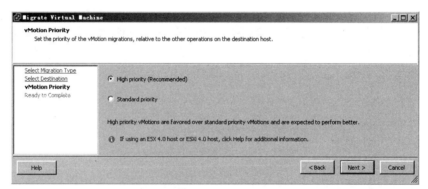

图 7-5 开机状态迁移虚拟机之四

第 5 步，完成准备操作，如图 7-6 所示，单击"Finish"按钮。

第 6 步，迁移完成，通过图 7-7 可以看到 vCenter02 虚拟机已经运行在 ESXi01（172.16.1.1）主机上。

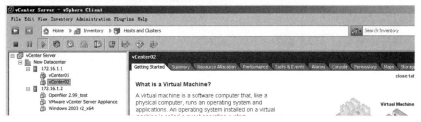

图 7-6　开机状态迁移虚拟机之五

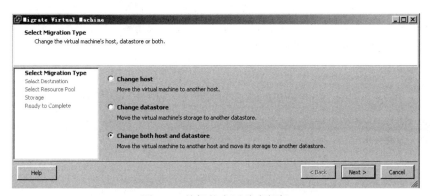

图 7-7　开机状态迁移虚拟机之六

7.2.3　关机状态迁移虚拟机

开机与关机状态迁移虚拟机操作一样，只是在选择迁移类型的时候关机状态下可以选择 "Change both host and datastore"（同时迁移主机与存储），如图 7-8 所示。

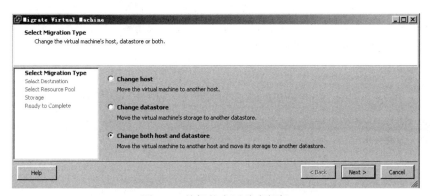

图 7-8　关机状态迁移虚拟机

7.3　迁移虚拟机存储

7.3.1　存储迁移介绍

Storage vMotion 即存储实时迁移，是 vSphere 虚拟化的高级特性之一，可以让虚拟机在不关机的情况下将虚拟机的文件从一个存储移动到另一个存储，而服务不会中断。其迁移过程与虚拟机的迁移过程类似。

7.3.2 开机状态迁移存储

在本节实战操作中，将 ESXi01（172.16.1.1）主机上的 vCenter02 虚拟机文件从 iscsi_vm 存储在不关机的情况下迁移到 iscsi_iso 存储，如图 7-9 所示。

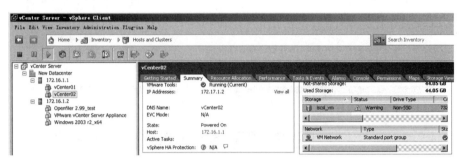

图 7-9 开机状态迁移存储之一

第 1 步，在 vCenter02 上单击右键，选择"Migrate"（迁移），如图 7-10 所示。

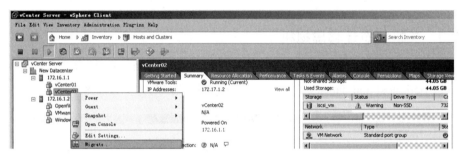

图 7-10 开机状态迁移存储之二

第 2 步，选择"Change datastore"（迁移存储），如图 7-11 所示，单击"Next"按钮。

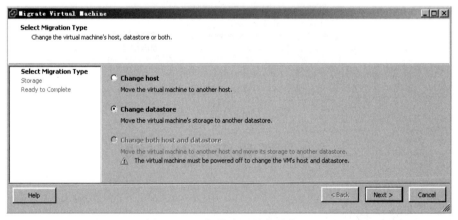

图 7-11 开机状态迁移存储之三

第 3 步，设置迁移存储的目标存储以及虚拟硬盘格式，如图 7-12 所示，为节省硬盘空间，这里选择的是精简盘格式，选择 iscsi_iso 存储，单击"Next"按钮。

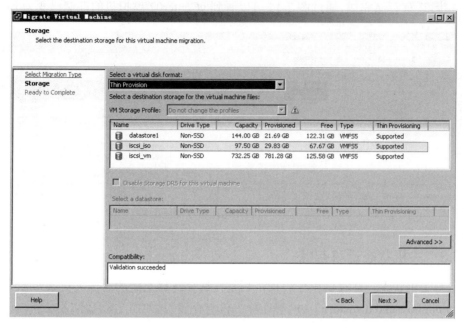

图 7-12　开机状态迁移存储之四

第 4 步，完成准备操作，如图 7-13 所示，单击 "Finish" 按钮。

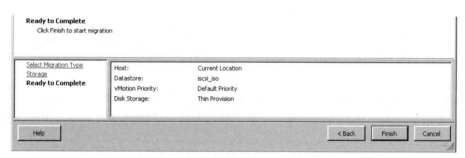

图 7-13　开机状态迁移存储之五

第 5 步，开始迁移存储，如图 7-14 所示。

图 7-14　开机状态迁移存储之六

第 6 步,迁移存储完成,通过图 7-15 可以看到 vCenter02 虚拟机的存储已变为 iscsi_iso。

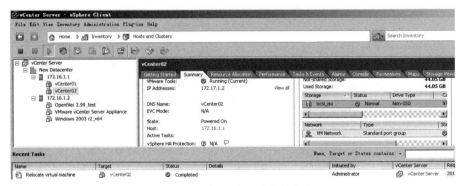

图 7-15 开机状态迁移存储之七

7.3.3 关机状态迁移存储

开机与关机状态迁移存储操作一样,只是在选择迁移类型的时候关机状态下可以选择"Change both host and datastore"(同时迁移主机与存储),如图 7-8 所示。

7.4 本章小结

本章介绍了虚拟机以及存储的实时迁移,当 ESXi 主机需要维护或者是更换存储设备时,可以在虚拟机开机或关机状态下实现迁移,并且可以保证应用服务不中断。对于生产环境来说,无论是虚拟机的迁移还是存储的迁移,需要注意以下几点。

① 使用独立的网卡进行迁移。参考 VMware 官方文档,对千兆以太网来说,实时迁移可以瞬间占用全部的带宽。所以,为了不影响整体性能,迁移时强烈推荐使用独立的网卡。如果成本允许,推荐使用万兆以太网络。

② 存储迁移的评估。对于生产环境存储的迁移推荐在通过完整的评估后进行,因为存储的迁移不单是占用大量带宽,还会影响 ESXi 主机以及存储服务器的性能,通过完整评估后在非峰值时间进行迁移。

第 8 章　使用分布式资源调配

Distributed Resource Scheduler 即分布式资源调配，简称 DRS，是 vSphere 的高级特性之一，它的主要目的是自动均衡多台 ESXi 主机的负载。vMotion 是一切高级特性的基础，通过迁移可以将一台虚拟机从一台 ESXi 主机迁移到另一台 ESXi 主机。如果生产环境有几十甚至上百台 ESXi 主机，这样完全手动操作是不现实的，因为管理员不可能随时关注每台 ESXi 主机的负载情况。对此，vSphere 提供了 DRS 高级特性来解决这个问题，通过参数的设置，虚拟机可以自动在多台 ESXi 主机之间实现自动迁移，使 ESXi 主机达到最高利用率。本章将介绍如何在 vSphere 虚拟化架构中使用分布式资源调配。

本章要点
- 分布式资源调配集群介绍
- EVC 介绍
- 使用分布式资源调配

8.1　分布式资源调配集群介绍

DRS 集群就是多台 ESXi 主机的集合，与传统集群区别在于传统集群是多台服务器同时提供某个应用服务的负载均衡以及故障切换，当某台服务器出现故障后立即由其他服务器接替其工作，应用服务不会出现中断的情况。DRS 集群功能是将多台 ESXi 主机组合起来，根据 ESXi 主机的负载情况，虚拟机在 ESXi 主机之间自动迁移，充分发挥 ESXi 主机的性能。需要注意的，如果虚拟机出现故障，那么虚拟机本身提供的应用服务将会中断，关于虚拟机的双机热备请参考第 11 章相关内容。

8.1.1　分布式资源调配集群的主要功能

DRS 集群是多台 ESXi 主机的组合，通过 vCenter Server 进行管理，主要具有以下功能。

1. Initial Placement（*初始放置*）

当虚拟机打开电源启动的时候，系统会计算 ESXi 主机的负载情况，由系统给出虚拟机应该在哪台 ESXi 主机上启动的建议。

2. Dynamic Balancing（*动态负载均衡*）

全自动化的迁移，在虚拟机运行的时候，根据 ESXi 主机的负载情况自动进行迁移。

3. Power Management（*电源管理*）

电源管理属于额外的高级特性，需要 UPS 的支持。启用此选项后，系统会自动计算

ESXi 主机的负载。当某台 ESXi 主机负载很低时，会自动迁移上面运行的虚拟机后关闭 ESXi 主机电源；当 ESXi 主机负载高时，ESXi 主机会开启电源加入 DRS 集群继续运行。

8.1.2　EVC 介绍

Enhanced vMotion Compatibility 即增强型 vMotion 兼容性，可防止因 CPU 不兼容而导致虚拟机迁移失败的问题。在生产环境中，服务器型号以及硬件型号不可能完全相同，关键的 CPU 兼容性会影响迁移过程或迁移后虚拟机的正常工作。为了最大程度解决兼容性问题，vSphere 为 CPU 提供了增强型 vMotion 兼容性（EVC）模式。EVC 模式在 ESXi 主机加入集群时使用。它使用 CPU 基准来配置，启用了 EVC 集群中包含的所有处理器，如图 8-1 所示。

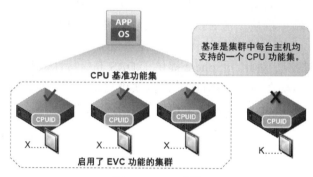

图 8-1　CPU 基准

上面了解了 EVC 的作用，下面再来看看 EVC 包括的 3 种模式。

1. Disable（禁用 EVC）

禁用 EVC，即不使用 CPU 兼容性特性，属于兼容性最高的 vMotion 迁移模式，可以使虚拟机在 CPU 型号不同的 ESXi 主机之间进行迁移，使用此模式，虚拟机迁移的成功率和迁移后运行的稳定性不能得到保证。

2. Enable EVC for AMD Host（为 AMD 主机启用 EVC）

AMD CPU 的专用选择，只允许使用 AMD CPU 的 ESXi 主机加入集群。

3. Enable EVC for Intel Host（为 Intel 主机启用 EVC）

Intel CPU 的专用选项，只允许使用 Intel CPU 的 ESXi 主机加入集群。

8.2　使用分布式资源调配

本节实战操作将创建 BDnetlab 集群，并将 ESXi01（172.16.1.1）和 ESXi02（172.16.1.2）2 台 ESXi 主机加入 DRS 集群中，并配置 DRS。

8.2.1　配置分布式资源调配

在配置 DRS 之前，必须先创建基于 DRS 的集群，实际上后续使用的高级特性也需要使用到集群的这个功能。

第 1 步，使用 VMware vSphere Client 登录 vCenter Server，在"New Datacenter"上单

击右键，选择"New Cluster"，创建 DRS 集群，如图 8-2 所示。

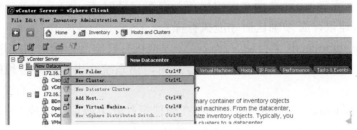

图 8-2　配置 DRS 之一

第 2 步，输入创建集群的名称，勾选"Turn On vSphere DRS"（启用 DRS），如图 8-3 所示，HA 将在后续章节中介绍，此处不勾选，单击"Next"按钮。

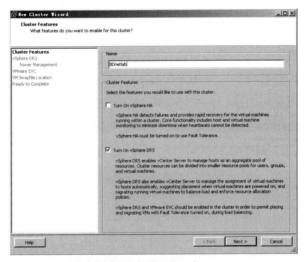

图 8-3　配置 DRS 之二

第 3 步，设置 DRS Automation level（自动级别），虚拟机开机和迁移使用，如图 8-4 所示，选择"Manual"（手动），单击"Next"按钮。

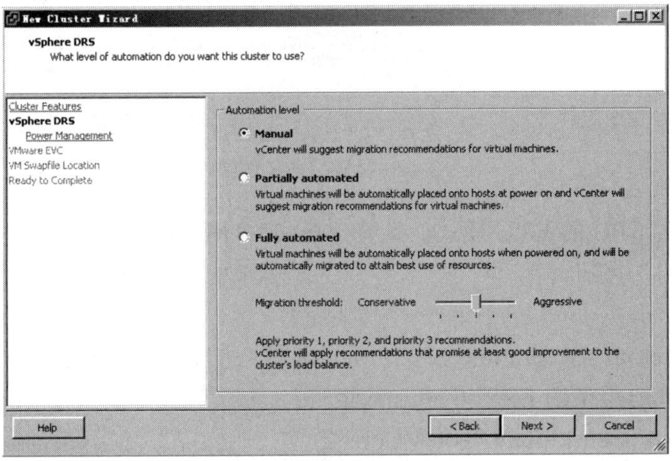

图 8-4　配置 DRS 之三

参数解释如下。

① Manual（手动）：此选项在虚拟机打开电源启动时或 ESXi 主机负载过重需要迁移时，由系统给出建议，必须确认后才能执行操作。

② Partially automated（半自动）：此选项在虚拟机打开电源启动时自动选择在某台 ESXi 主机上启动。当 ESXi 主机负载过重需要迁移时，由系统给出建议，必须确认后才能执行操作。

③ Fully automated（全自动）：此选项在虚拟机打开电源启动时或 ESXi 主机负载过重需要迁移时，全部自动完成，不需要确认。使用全自动选项一定要注意 Migration threshold（迁移阈值）的设置，如果设置不当，会导致虚拟机不停地在 ESXi 主机间进行迁移，影响 ESXi 主机以及虚拟机的性能。

④ Migration threshold（迁移阈值）：此选项是系统对 ESXi 主机负载情况的监控，分为 5 个等级，如果使用最右边 Aggressive（激进）这个等级的话，只要 ESXi 主机负载稍微过重，都会进行迁移。关于迁移阈值这个概念，VMware 官方并没有提供详细的资料告诉我们每一个等级对负载的定义。读者可以在测试环境时尝试一下不同等级的效果。

第 4 步，设置电源管理选项，如图 8-5 所示，此选择需要特殊的 UPS 设备支持，此处选择"Off"，单击"Next"按钮。

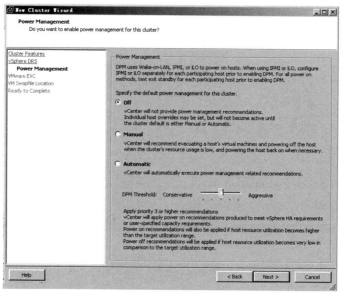

图 8-5　配置 DRS 之四

第 5 步，设置 CPU 的 EVC 模式，选择"Intel® "Merom" Generation"模式，如图 8-6 所示，单击"Next"按钮。

参数解释如下。

● Intel® "Merom" Generation（基于 Merom 核心的 Intel 处理器）

允许以下处理器类型的 ESXi 主机加入集群：

Intel® "Merom" Generation (Xeon® Core™2)

Intel® "Penryn" Generation (Xeon® 45nm Core™2)

Intel® "Nehalem" Generation (Xeon® Core™ i7)

Intel® "Westmere" Generation (Xeon® 32nm Core™ i7)

Intel® "Sandy Bridge" Generation

Intel® "Ivy Bridge" Generation

Future Intel® processors

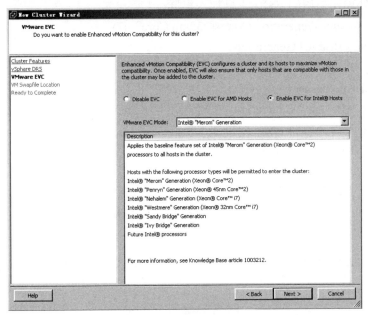

图 8-6　配置 DRS 之五

- Intel® "Penryn" Generation（基于 Penryn 核心的 Intel 处理器）

允许以下处理器类型的 ESXi 主机加入集群：

Intel® "Penryn" Generation (Xeon® 45nm Core™2)

Intel® "Nehalem" Generation (Xeon® Core™ i7)

Intel® "Westmere" Generation (Xeon® 32nm Core™ i7)

Intel® "Sandy Bridge" Generation

Intel® "Ivy Bridge" Generation

Future Intel® processors

- Intel® "Nehalem" Generation（基于 Nehalem 核心的 Intel 处理器）

允许以下处理器类型的 ESXi 主机加入集群：

Intel® "Nehalem" Generation (Xeon® Core™ i7)

Intel® "Westmere" Generation (Xeon® 32nm Core™ i7)

Intel® "Sandy Bridge" Generation

Intel® "Ivy Bridge" Generation

Future Intel® processors

- Intel® "Westmere" Generation（基于 Westmere 核心的 Intel 处理器）

允许以下处理器类型的 ESXi 主机加入集群：

Intel® "Westmere" Generation (Xeon® 32nm Core™ i7)

Intel® "Sandy Bridge" Generation

Intel® "Ivy Bridge" Generation

Future Intel® processors

● Intel® "Sandy Bridge" Generation（基于 Sandy Bridge 核心的 Intel 处理器）

允许以下处理器类型的 ESXi 主机加入集群：

Intel® "Westmere" Generation (Xeon® 32nm Core™ i7)

Intel® "Sandy Bridge" Generation

Intel® "Ivy Bridge" Generation

Future Intel® processors

● Intel " Ivy Bridge " Generation（基于第三代 Core i 核心 IVB 的 Intel 处理器）

允许以下处理器类型的 ESXi 主机加入集群：

Intel® "Ivy Bridge" Generation

Future Intel® processors

第 6 步，设置虚拟机交换文件策略，选择 "Store the swapfile in the same directory as the virtual machine（recommended）"（虚拟机交换文件与虚拟机使用相同的目录），如图 8-7 所示，单击 "Next" 按钮。

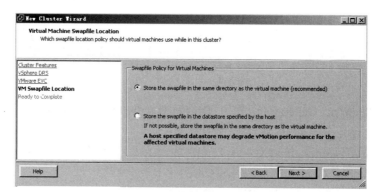

图 8-7　配置 DRS 之六

第 7 步，完成准备操作，如图 8-8 所示，单击 "Finish" 按钮。

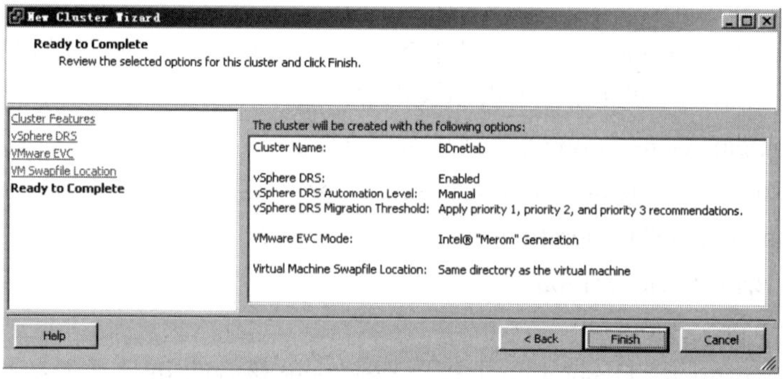

图 8-8　配置 DRS 之七

第 8 步，通过图 8-9 可以看到一个名为"BDnetlab"的集群创建完成。

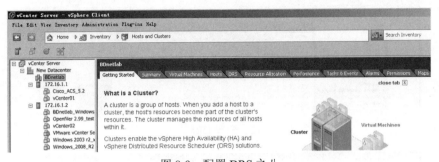

图 8-9　配置 DRS 之八

第 9 步，将 ESXi01（172.16.1.1）主机加入集群，按住"172.16.1.1"不放直接拖入"BDnetlab"即可，出现选择"Resource Pool"（资源池）的窗口，如图 8-10 所示，关于资源池会在后续的章节中介绍，此处直接单击"Next"按钮。

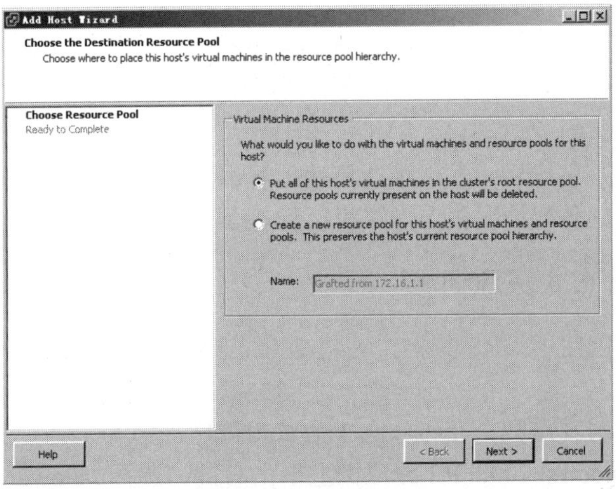

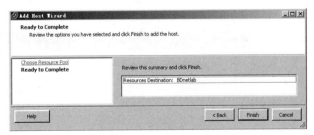

图 8-10　配置 DRS 之九

第 10 步，完成准备操作，如图 8-11 所示，单击"Finish"按钮。

图 8-11　配置 DRS 之十

第 11 步，通过图 8-12 可以看到 ESXi01（172.16.1.1）主机已经加入集群。

第 12 步，使用相同的方法将 ESXi02（172.16.1.2）主机加入集群，图 8-13 所示为已经加入集群。

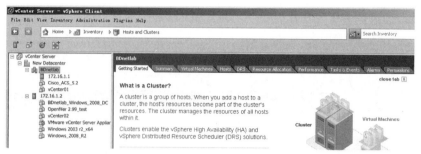

图 8-12　配置 DRS 之十一

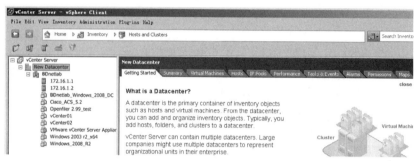

图 8-13　配置 DRS 之十二

当 ESXi 主机加入集群后，发现不能清楚地看出虚拟机具体运行在哪台 ESXi 主机上。系统根据 ESXi 主机的负载情况决定虚拟机运行在哪台 ESXi 主机上。

8.2.2　使用分布式资源调配

在 8.2.1 小节中创建了 DRS 集群，并将 2 台 ESXi 主机加入了集群，下面来了解一下 DRS 是如何工作的。

1. DRS 自动级别在虚拟机开机状态下的应用

第 1 步，在 Windows_2008_R2 虚拟机上单击右键，选择 "Power" → "Power on" 打开虚拟机电源，如图 8-14 所示。

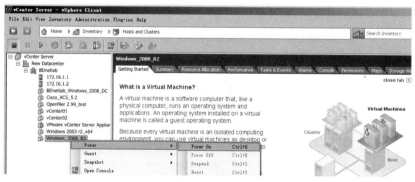

图 8-14　使用 DRS 之一

第 2 步，出现 DRS 的提示窗口，如图 8-15 所示，DRS 建议 Windows_2008_R2 虚拟机在 ESXi01（172.16.1.1）主机上运行，当然用户也可以选择在其他的 ESXi 主机上运行，单击"Power on"按钮。

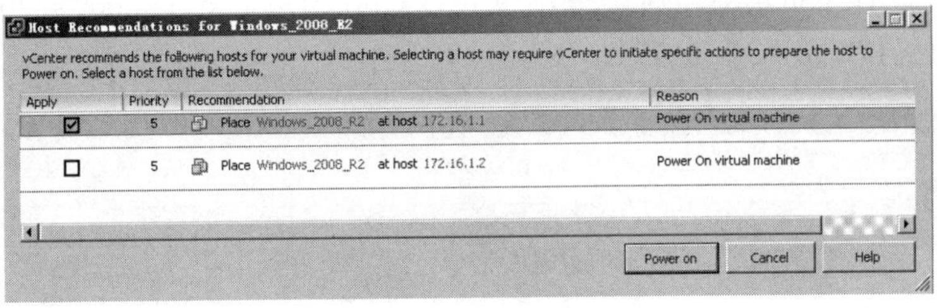

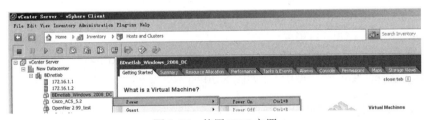

图 8-15 使用 DRS 之二

第 3 步,再打开 Openfiler 2.99_test 虚拟机电源,此时 DRS 建议它在 ESXi02(172.16.1.2)主机上运行,如图 8-16 所示,单击"Power on"按钮。

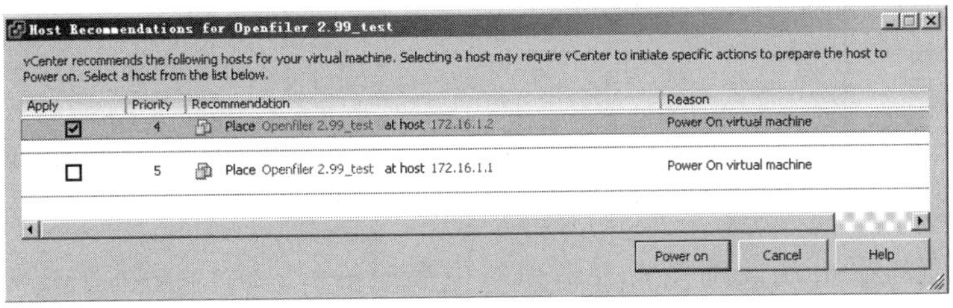

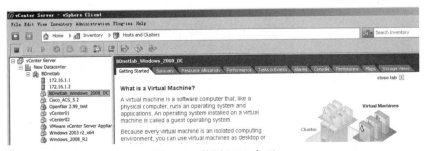

图 8-16 使用 DRS 之三

以上 2 台虚拟机是使用 DRS 自动级别中的手动模式打开电源启动虚拟机的,再看看 DRS 自动级别设置为半自动或全自动,打开虚拟机电源又会是什么情况。

第 4 步,打开 BDnetlab_Windows_2008_DC 虚拟机电源,如图 8-17 所示。

图 8-17 使用 DRS 之四

第 5 步,通过图 8-18 可以看到 BDnetlab_Windows_2008_DC 虚拟机已经开始启动,没有选择 ESXi 主机。

图 8-18 使用 DRS 之五

第 6 步，选择 BDnetlab_Windows_2008_DC 虚拟机后，单击"Summary"菜单，查看虚拟机运行的 ESXi 主机信息，通过图 8-19 可以看到 BDnetlab_Windows_2008_DC 虚拟机运行在 ESXi01（172.16.1.1）主机上。

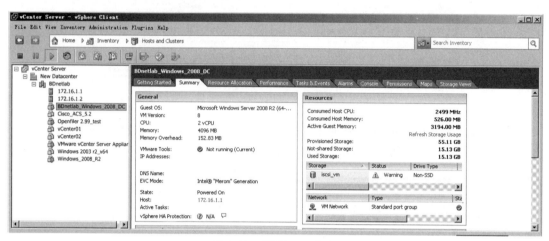

图 8-19　使用 DRS 之六

全自动选项与半自动选项在打开虚拟机电源时一样，由 DRS 自动选择虚拟机运行的 ESXi 主机，不需要确认操作。只是在虚拟机运行过程中，由于 ESXi 主机负载过重进行迁移时半自动会弹出窗口，需要确认操作，而全自动可自动完成迁移，不需要确认操作。

2．DRS 规则的使用

在生产环境中，不能只考虑 ESXi 主机的负载情况。举例来说，生产环境中有 2 台 vCenter Server，分别为 vCenter01 和 vCenter02 虚拟机，如果不希望它们在同一台 ESXi 主机上运行，可以使用 DRS Rules（规则）实现。

第 1 步，在"BDnetlab"集群上单击右键，选择"Edit Settings"（编辑设置）。

第 2 步，选择"Rules"（规则），如图 8-20 所示，单击"Add"按钮。

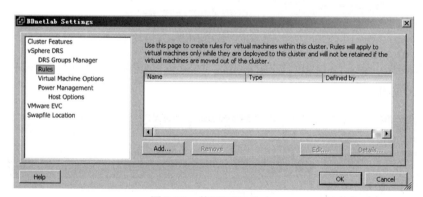

图 8-20　使用 DRS 之七

第 3 步，出现规则配置窗口，如图 8-21 所示，输入规则名称"vCenter Server"，选择规则的类型，此处选择"Separate Virtual Machines"，单击"Add"按钮。

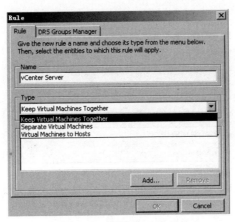

图 8-21　使用 DRS 之八

参数解释如下。

① Keep Virtual Machines Together：使用此选项，添加到这个规则的虚拟机将在同一台 ESXi 主机上运行。

② Separate Virtual Machines：使用此选项，添加到这个规则的虚拟机不在同一台 ESXi 主机上运行。

③ Virtual Machines to Hosts：此选项用于多台虚拟机和多台 ESXi 主机环境，可以使用 DRS Group Manager 来批量设置规则。

第 4 步，勾选需要使用这个规则的虚拟机 vCenter01 和 vCenter02 虚拟机，如图 8-22 所示，单击"OK"按钮。

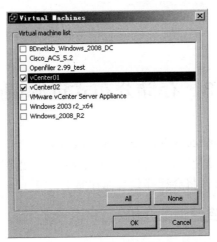

图 8-22　使用 DRS 之九

第 5 步，确认规则设置，如图 8-23 所示，单击"OK"按钮。

第 6 步，回到规则设置界面，如图 8-24 所示，勾选状态代表 DRS 执行此规则，反之不执行。

通过以上规则配置，vCenter01 和 vCenter02 虚拟机可以在不同的 ESXi 主机上运行，避免了 ESXi 主机负载过重。

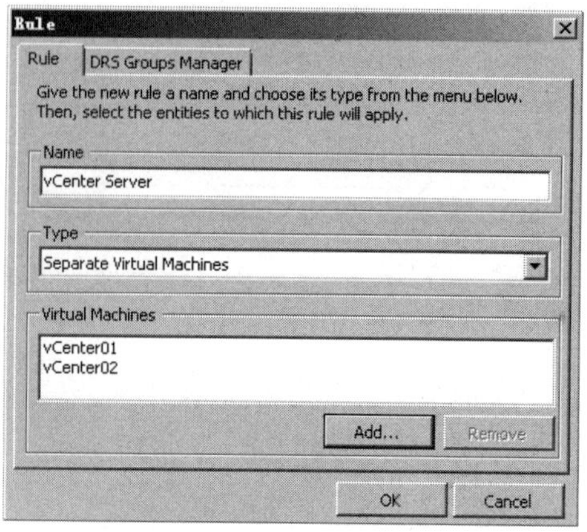

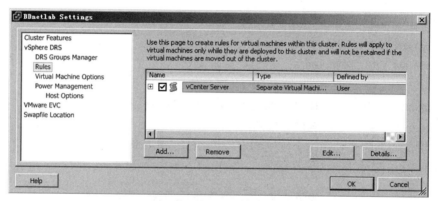

图 8-23　使用 DRS 之十

图 8-24　使用 DRS 之十一

8.3　存储分布式资源调配

Storage Distributed Resource Scheduler 即存储 DRS，简称 sDRS，是 vSphre 5.0 的新功能之一。sDRS 主要监控存储空间以及存储 I/O 的使用率，当存储空间不足或存储 I/O 使用率过高时，虚拟机的所有文件将会迁移到其他存储上。

8.3.1　存储分布式资源调配介绍

1．调整存储性能

存储 DRS 持续监控空间使用情况以及 I/O 的使用率，动态调整存储以便达到最高的使用率。通过规则，按照优先等级将存储分配给虚拟机。

2．均衡存储和存储 I/O 负载

提高所有应用程序的服务级别，持续平衡传输 I/O 负载，以确保虚拟机能在任何时间段对存储的支持。

8.3.2　存储分布式资源调配支持的规则

存储 DRS 在使用过程中支持以下 3 种规则。

1. 虚拟机 VMDK 之间的关联性

虚拟机的 VMDK 位于同一个存储上。

2. VMDK 反关联性

虚拟机的 VMDK 位于不同的存储上。

3. 虚拟机反关联性

虚拟机位于不同的存储上。

8.4　本章小结

本章介绍了 vSphere 的高级特性分布式资源调配，在 vSphere 虚拟化架构中，实施分布式资源调配需要注意几个问题。

① 使用分布式资源调配全自动选项一定要注意 Migration threshold（迁移阈值）的设置，如果设置不当，会导致虚拟机不停地在 ESXi 主机间进行迁移，影响 ESXi 主机以及虚拟机的性能。

② 一般来说，不建议在生产环境中使用存储 DRS，因为存储 DRS 与存储的性能、网络性能、ESXi 主机性能等密切相关，可能会由于设置不当引发存储问题，更严重的可能会导致整个虚拟化架构的正常运行。

第 9 章　使用虚拟机资源池

Recourse Pool 即资源池，是 vSphere 虚拟化架构非常重要的概念。第 8 章介绍 DRS 的时候提到 ESXi 主机的负载问题，其本质是 ESXi 主机上运行的虚拟机对主机资源的竞争。对于虚拟机来说，主要是 CPU 和内存的竞争。如果 ESXi 主机资源能够满足虚拟机使用，那就不会存在竞争。但如果不能满足虚拟机使用，就会形成竞争，这种情况就必须依靠资源池，对资源进行合理的调整能够充分发挥 ESXi 主机的性能。本章将介绍如何使用虚拟化资源池，其重点偏向理论方面。

本章要点
- CPU 虚拟化概念
- 内存虚拟化概念
- 资源池的概念

9.1　CPU 虚拟化概念

ESXi 主机上的虚拟机所使用的 CPU 实际是 Virtual CPU（虚拟 CPU，简称 vCPU）。对于虚拟机来说，当分配 2 个 vCPU 给它，并不是说它就拥有 2 个 CPU 的处理能力，因为 CPU 是虚拟出来的，当 vCPU 能够映射到一个 Logical CPU（逻辑 CPU，简称 lCPU）的时候，vCPU 才具有处理能力。

9.1.1　逻辑 CPU 概念

Logical CPU 即逻辑 CPU，简称 lCPU。lCPU 可以代表 1 个物理 CPU，如果这个物理 CPU 具有 1 个核心，那么 lCPU 的数量为 1。但如果物理 CPU 具有 4 个核心，对于 lCPU 来说数量就是 4。根据图 9-1 来了解一下 lCPU 与 vCPU 之间的对应关系。

① 第一台虚拟机具有 1 个 vCPU，那么它映射 1 个 lCPU 就可以获得相应的处理能力。

② 第二台虚拟机具有 2 个 vCPU，那么它需要映射 2 个 lCPU 才能获得相应的处理能力。

③ 第三台虚拟机具有 4 个 vCPU，那么它需要映射 4 个 lCPU 才能获得相应的处理能力。

也就是说，虚拟机所使用的 vCPU 必须要映射到 lCPU 才能获得相应的处理能力。但是 vCPU 与 lCPU 之间的映射关系并不是一直存在的。当虚拟机不需要多个 lCPU 处理能力时，系统会释放出 lCPU 的能力给其他虚拟机使用；当虚拟机需要使用时，系统会重新调剂 lCPU 的使用。

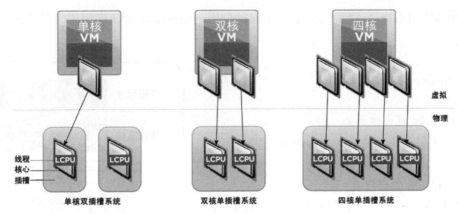

图 9-1　lCPU 与 vCPU 之间的映射关系之一

9.1.2　CPU 超线程

Hyper Threading 即超线程，简称 HT，是 Intel CPU 中使用的一项技术。HT 技术是在物理 CPU 的 1 个核心中整合了 2 个 lCPU，相当于 1 个核心可以同时处理 2 个线程，极大地提升了物理 CPU 的性能。例如如果 1 颗 8 核心的物理 CPU 支持 HT 技术，在系统中可以看到这颗物理 CPU 具有 16 个核心，而系统也使用 16 个核心，极大地提升了物理 CPU 的性能。根据图 9-2 来了解一下超线程 CPU 的 lCPU 与 vCPU 之间的对应关系。

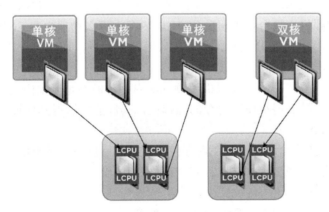

图 9-2　lCPU 与 vCPU 之间的映射关系之二

使用 HT 技术的物理 CPU 与没有使用 HT 技术的映射关系相同，只是使用 HT 技术的物理 CPU 的 1 个核心相当于 2 个 lCPU，这样可以映射的虚拟机会更多。同时，虚拟机的核心可能会避免一台虚拟机的 vCPU 使用同一核心上的 2 个 lCPU。

9.2　内存虚拟化概念

通过 VMware 官方发布的数据以及作者的经验，在生产环境中，物理 CPU 的使用率并不是最高的，内存资源的使用率反而是最高的。如果 ESXi 主机上运行了大量的虚拟机，那么内存的使用率将会到峰值。对于内存的使用，vSphere 虚拟化提供了大量的解决方法。

9.2.1 内存虚拟化的基础

在 vSphere 虚拟化架构中，一共有 3 层内存，如图 9-3 所示。

1. ESXi 主机物理内存

ESXi 主机上安装的物理内存可向虚拟机提供内存使用。

2. 客户 OS 物理内存

虚拟机操作系统所配置的物理内存，由 ESXi 主机提供。

3. 客户 OS 虚拟内存

虚拟机应用程序所使用的虚拟内存，由操作系统提供。

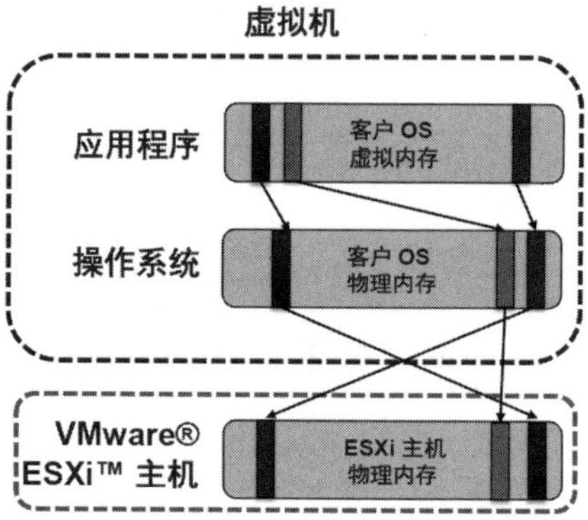

图 9-3　vSphere 虚拟化架构内存的使用

9.2.2 虚拟机内存使用机制

由于虚拟机对内存的使用相当重要，VMware 也提供了几大机制，充分利用 ESXi 主机的物理内存以保障虚拟机对内存的使用。

1. Memory overcommitment

Memory overcommitment 即内存超额分配。举例说明：一台 ESXi 主机的物理内存是 8GB，创建 4 台虚拟机，每台虚拟机分配 2GB 内存，那么物理内存 8GB 已经完全分配，再创建 1 台虚拟机，分配 2GB 内存，操作上没有任何问题，而 ESXi 主机上的 5 台虚拟机均可运行，这就是内存的超额分配技术。

需要注意的是，虽然可以对虚拟机超额分配内存，但不是无上限的随意分配，一切依靠物理内存的限制，对于超额使用内存的虚拟机，其性能无法得到保证。

2. Balloon driver

Balloon driver 技术允许虚拟机在内存使用不足的情况下将硬盘的部分空间作为 Swap（交换分区）来使用，也就是虚拟机的部分内存可能由硬盘提供。

需要注意的是，如果使用传统硬盘，其读写速度会影响 Swap 的性能。为此，vSphere 5.0 版本加强了对 SSD 硬盘的支持，利用 SSD 硬盘的读写速度来提供 Swap 的性能。

3. Transparent Page Sharing

Transparent Page Sharing 技术让虚拟机共享具有相同内容的内存页面，避免太多重复的内容占用物理内存。

4. Memory compression

Memory compression 技术只在物理内存竞争激烈时使用，内存页面压缩为 2KB，并且存储在每个虚拟机的压缩缓存中，如图 9-4 所示。

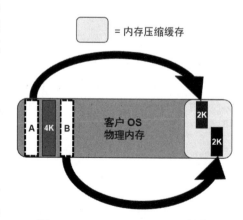

图 9-4　Memory compression 技术

9.3　使用资源池

9.3.1　资源池介绍

资源池的概念是将 ESXi 主机或集群的 CPU、内存资源进行分组，然后定义每个分组可以使用 CPU、内存资源的数量。当虚拟机加入分组时，资源的竞争只在这个分组内进行，不影响其他分组，这样可以使资源的调整更具弹性。

对于资源池的使用，可以分为 ESXi 主机和集群。资源池的创建和使用非常简单，创建好资源池后将虚拟机拖入分组即可。

9.3.2　创建资源池

本节实战操作是在 BDnetlab 集群上创建资源池，需要注意的是，在集群中创建资源池使用的是所有 ESXi 主机上 CPU 和物理内存的总和。单个虚拟机可以使用的最大 CPU 和内存，不能超过虚拟机所在的 ESXi 主机最大资源，因为虚拟机不能跨越 ESXi 主机使用资源。

第 1 步，在 "BDnetlab" 集群上单击右键，选择 "New Resource Pool"，如图 9-5 所示，创建新的资源池。

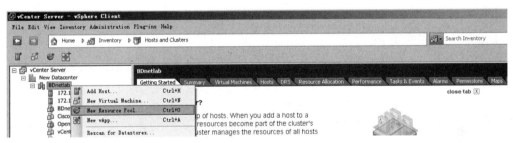

图 9-5　创建资源池之一

第 2 步，输入资源池的名称 "生产环境"，设置 CPU 以及内存资源，如图 9-6 所示，选择 "High"，单击 "OK" 按钮。

参数解释如下。

CPU Resources（CPU 资源）

① Share：设定资源分组下可以使用的 CPU 处理能力，有 Low（2000）、Normal（4000）、High（8000）3 个选项，所代表的意思是 Low 能够使用总 CPU 处理能力的 20%，Noraml 能够使用总 CPU 处理能力的 40%，High 能够使用总 CPU 处理能力的 80%。

② Reservation：预留值，根据 CPU 总时钟频率进行划分，意思是预留 CPU 的处理能力给分组下的虚拟机使用。

③ Expandable：资源借用，当分组的资源不够使用时，向 ESXi 主机或集群借用资源，但如果 ESXi 主机或集群的资源全部使用完，将无法借到资源。

④ Limit：设置 CPU 预留资源的上限。

⑤ Unlimited：资源分组不限制 CPU 的使用。

Memory Resources（内存资源）

① Share：设定资源分组下可以使用的内存处理能力，有 Low（2000）、Normal（4000）、High（8000）3 个选项，所代表的意思是 Low 能够使用总内存处理能力的 20%，Noraml 能够使用总内存处理能力的 40%，High 能够使用总内存处理能力的 80%。

② Reservation：预留值，根据内存总量进行划分，意思是预留多少内存给分组下的虚拟机使用。

③ Expandable：资源借用，当分组的资源不够使用时，向 ESXi 主机或集群借用资源，但如果 ESXi 主机或集群的资源全部使用完，将无法借到资源。

④ Limit：设置内存预留资源的上限。

⑤ Unlimited：资源分组不限制内存的使用。

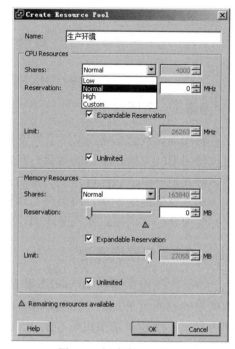

图 9-6　创建资源池之二

第 3 步，再创建一个资源池"测试环境"，设置 CPU 以及内存资源，选择"Low"，单击"OK"按钮。

9.3.3　使用资源池

第 1 步，资源池的使用相当简单，创建好资源池后将虚拟机直接拖入资源池即可，如图 9-7 所示。

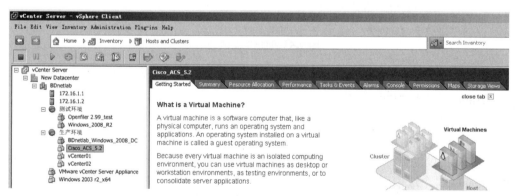

图 9-7　使用资源池之一

第 2 步，选择"BDnetlab"集群，单击"Summary"菜单，如图 9-8 所示，可以看到集群中显示的 CPU 资源是集群中 ESXi 主机所有 CPU 时钟频率的总和以及所有内存容量的总和。

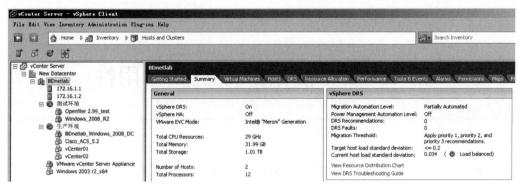

图 9-8　使用资源池之二

9.4　本章小结

本章介绍了 CPU、内存虚拟化以及使用问题，服务器硬件资源也属于有限的资源，如何合理高效的利用是我们面临的重大问题。vSphere 提供了多种方法来提高资源的使用率，具体的使用需要在生产环境中根据实际情况进行设定。

第 10 章　使用虚拟机高可用性

High Availability 即高可用性，简称为 HA。HA 是生产环境中的重要指标之一，实际上在虚拟化架构出现之前已经在大规模使用。在银行、证券、门户网站等，HA 是必须的，但实施成本和管理成本是相当高昂的。

vSphere 虚拟化架构提供了 HA 的功能，属于低成本的解决方案。它所考虑的是当某台 ESXi 主机发生故障时，上面运行的虚拟机可以自动迁移到其他 ESXi 主机上进行重新启动，重新启动完成后继续提供服务，最大限度地保证重要的服务不中断。但 HA 也存在缺点，发生故障迁移时，虚拟机重新启动的时间是不可控的，也就是说，HA 存在一定的停机时间。本章将介绍如何在虚拟化架构下使用高可用性。

本章要点
- 高可用性的介绍
- 配置高可用性

10.1　高可用性介绍

vSphere 虚拟化架构中，HA 是以集群为基础的，当集群中某台 ESXi 主机发生故障时，上面的虚拟机会自动在其他 ESXi 主机上进行重新启动，如图 10-1 所示。

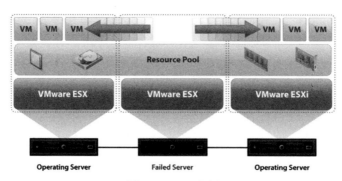

图 10-1　HA 介绍

10.1.1　vSphere 提供的保护级别

vSphere 虚拟化架构提供了多种级别的保护方案，如图 10-2 所示，主要分为 3 大类的保护级别。

1. 针对硬件故障的保护

硬件故障的保护就是当主机出现硬件故障时,可以使用 HA 或 FT 技术保证虚拟机的正常运行,不会因为硬件故障而导致服务长时间中断。

2. 针对零停机计划内的维护

对于可用性级别要求在 99.99%(每年停机时间 52 分钟)的生产环境来说,硬件设备的维护也是必须的,可以通过迁移技术对虚拟机进行迁移,以达到对硬件设备维护的目的,同时服务不会出现任何中断的情况。

3. 针对计划外停机和灾难的保护

对于硬件的故障是不可提前作出判断的,如果硬件出现故障导致 ESXi 主机无法使用,上面运行的虚拟机会自动迁移到正常的 ESXi 主机进行重新启动,将计划外停机时间降到最低。

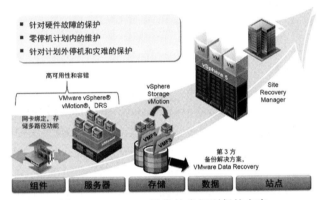

图 10-2　vSphere 提供的多级别保护方案

10.1.2　高可用性原理

vSphere 5.0 重新编写了 HA 架构,5.0 版本取消了 4.0 版本中的 Primary/Slave 结构,采用了新的 Fault Domain 架构,通过选举方式选出单一的 Master 主机,其余为 Slave 主机。

1. Master/Slave 主机选举机制

一般来说,Master 主机选举的是存储最多的 ESXi 主机,如果 ESXi 主机的存储相同,则会使用 MOID 来进行选举。当 Master 主机选举产生后,会通告给其他 Slave 主机。当选举产生的 Master 主机出现故障时,会重新选举产生新的 Master 主机。下面了解一下 Master/Slave 主机具体是如何工作的。

① Master 主机监控 Slave 主机,当 Slave 主机出现故障时重新启动虚拟机。

② Master 主机监控所有被保护虚拟机的电源状态,如果被保护的虚拟机出现故障,它将重新启动这个虚拟机。

③ Master 主机发送心跳信息给 Slave 主机,让 Slave 主机知道 Master 主机的存在。

④ Master 主机报告状态信息给 vCenter Server,vCenter Server 正常情况下只和 master 主机通信。

⑤ Slave 主机监视本地运行的虚拟机状态,把这些虚拟机运行状态的显著变化发送给 Master。

⑥ Slave 监控 Master 主机的健康状态,如果 Master 出现故障,Slave 主机将会参与

Master 主机的选举。

2. Heartbeats Network（心跳网络）

心跳网络简单来说可以看成是 HA 的内部运行机制，可以通过使用 VMkernel 通信端口传递心跳信号，告知主机的活动状态。在 vSphere 4.X 的版本中，HA 只使用管理网络进行通信。而 vSphere 5.0 及以后的版本中，HA 可以使用管理网络和存储设备来联系。当通过管理网络联系不到 slave 主机时，master 主机能够检查 heartbeat datastores（心跳存储），然后通过 heartbeat datastores 来检查 slave 主机是否存活。这个功能帮助 HA 处理判断。心跳网络有 2 个重要概念。

- Network Partition（网络分割）

一个或多个 slave 主机通过网络联系不到 master 主机时，即使它们的网络连接没有问题，这种情况下，HA 能够使用 heartbeat datastores 来检测分离的主机（上面的 slaves 主机）是否存活以及是否要保护它们里面的虚拟机。

- Network Isolation（网络隔离）

一个或多个 slave 主机丢失了所有的管理网络连接，这样的 slave 主机既不能联系到 master 主机，也不能联系到其他 ESXi 主机。这种情况下，slave 主机通过 heartbeat datastores 来通知 master 主机它已经是隔离状态，具体的 slave 主机是通过使用一个特殊的二进制文件"host-X-poweron"来通知 HA master 主机采取适当的措施来确保保护虚拟机。当一个 slave 主机已经检测到自己是网络隔离状态时，它会在 heartbeat datastores 上生成一个特殊二进制文件"host-X-poweron"文件，master 主机看到这个文件后，就知道 slave 主机已经是 isolation 状态，然后通过 HA 锁定其他文件（datastores 上的其他文件）。当 slave 主机看到这些文件已经被锁定，就知道 master 正在执行重新启动虚拟机的响应，然后 slave 主机才可以执行配置过的隔离响应动作（如关机或者关闭电源）。

10.1.3 不同层面的高可用性介绍

对于 HA 的定义，vSphere 分为多个层级，大致可分为 3 类。

1. 基于物理设备的高可用性

这是我们常说的 ESXi 主机故障使用的 HA。当 ESXi 主机出现故障时，故障主机上的虚拟机会在其他主机上重启，如图 10-3 所示。

图 10-3　基于物理设备的 HA

2．其于操作系统的高可用性

当虚拟机停止发送心跳信号时，虚拟机会在其他主机上重启，如图 10-4 所示。

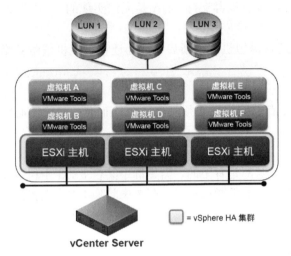

图 10-4　基于操作系统的 HA

3．基于应用程序的高可用性

这是基于应用程序层面的 HA，需要 VMware 以及应用程序供应商的联合支持。目前比较常用的是基于 Oracle、MS SQL、Exchange 等应用程序的 HA，如图 10-5 所示。

图 10-5　基于应用程序的 HA

10.2　配置使用高可用性

10.2.1　高可用性实施的条件

读者如果已经完成前几章的实战操作，那么配置高可用性应该不存在什么问题，下面来了解一下 HA 实施的条件。

1. 集群

HA 必须依靠集群，没有集群支持，HA 是无法实现的。

2. 共享存储

使用 HA 相当于迁移虚拟机后重新启动，而迁移虚拟机依赖共享存储，所以共享存储是必须的。

3. 心跳网络

无论网管网络还是存储网络，必须具有冗余，而 HA 是检测心跳信号完成的高可用性的，所以冗余是必须的。

4. 资源的计算

每台 ESXi 主机的资源都是有限的，当集群中某台 ESXi 主机发生故障，上面的虚拟机需要迁移到其他 ESXi 主机上重新启动时，要考虑其他 ESXi 主机的资源使用情况。如果资源不够，可能会导致虚拟机无法重新启动或启动后性能较低。HA 使用 Admission Control 来保证 ESXi 提供资源给虚拟机使用。

5. VMware Tools

虚拟机安装操作系统后必须安装的软件。此软件能让操作系统更好的与虚拟机硬件兼容。虚拟机在 HA 中使用的心跳网络检测也是通过 VMware Tools 来完成的。

10.2.2　配置高可用性

对于 HA 的配置实际上并不复杂，只是 HA 中所使用的参数需要特别注意。本节实战操作将在 BDnetlab 集群上配置高可用性。

第 1 步，在"BDnetlab"上单击右键，选择"Edit Settings"，如图 10-6 所示，进入集群设置窗口。

第 2 步，勾选"Turn On vSphere HA"，如图 10-7 所示，启用 HA 特性。

第 3 步，vSphere HA 参数设置，如图 10-8 所示，其参数设置请根据实际情况选择。

参数解释如下。

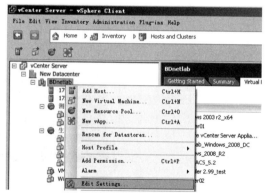

图 10-6　配置高可用性之一

- Host Monitoring Status（主机监控状）：启用 HA 选项后会默认勾选，其作用是监控集群内所有 ESXi 主机上的 HA 代理传递信号，在 HA 的使用过程中必须处于勾选状态。如果某台 ESXi 主机出现故障，虚拟机会在其他 ESXi 主机上进行重新启动。此选项仅在 ESXi 主机需要进行关机维护的时候取消勾选，取消勾选后 HA 失去作用。

- Admission Control（接入控制）：接入控制决定了为虚拟机故障切换预留的资源。预留的故障切换资源越多，允许故障次数就越多，但实际可运行的虚拟机数量就会减少，因为对资源进行了预留。

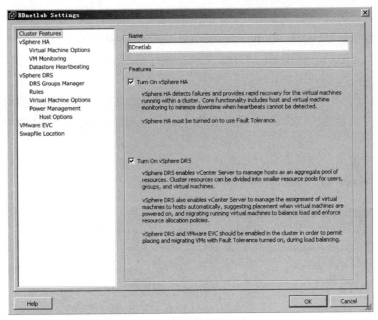

图 10-7　配置高可用性之二

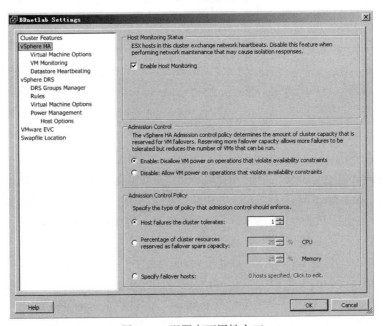

图 10-8　配置高可用性之三

　　选择 Enable 选项，禁止违反可用性限制的虚拟机打开电源，还需要配置相应的策略："Host failures the cluster tolerates"（允许故障的主机数量），意思是集群中允许几台 ESXi 主机发生故障时进行虚拟机切换操作，一般用于中小型环境，比如设置为 1，当集群中一台 ESXi 主机发生故障时，上面的虚拟机全部进行迁移，在集群中的其他 ESXi 主机上进行重新启动。"Percentage of cluster resources reserved as failover spare capacity"（作为故障切换保留的集群资源的百分比），意思是将集群中的资源按百分比进行预留，以保证迁移时虚拟机可以分配到可用资源，需要注意的是，预留资源越多，ESXi 主机在非故障切换时能够运行的虚拟机就会越少。"Specify failover hosts"（指定故障切换主机），此选择可以指定由于故障需要迁移时，虚拟机将在指定的 ESXi 主机上进行重新启动，通常用于有备用 ESXi 主机的环境。

选择 Disable 会允许违反可用性限制的虚拟机打开电源，也就是说虚拟机无论如何都会重新启动，但可能会造成 ESXi 主机资源的分配不够，导致虚拟机性能较差，同时后续策略将不能设置。

第 4 步，设置虚拟机启动的优先顺序，分为集群的整体设置以及虚拟机单独设置 2 部分，如图 10-9 所示，其参数设置请根据实际情况选择。

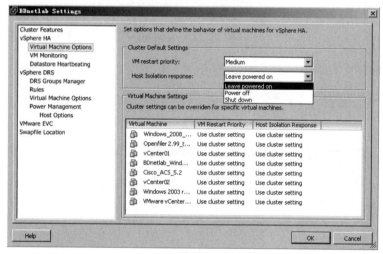

图 10-9　配置高可用性之四

参数解释如下。

① Host Isolation response（主机隔离响应）：一旦出现了主机隔离，对于虚拟机来说将会采取的操作。Shut down 选项是 ESXi 主机将上面运行的虚拟机关机，VMDK 文件不锁定，可在其他 ESXi 主机上重新启动。Power off 选项是强制将虚拟机非正常关机。Leave powered on 选项是指 ESXi 主机心跳网络不传递信号，但在 ESXi 主机没有故障的情况下，虚拟机可以不关机，并且不在其他 ESXi 主机上重新启动，而继续在主机隔离环境下运行。

② VM restart priority（虚拟机重新启动优先级）：此选项定义了当发生故障时，虚拟机重新启动的顺序，由于 ESXi 主机资源是有限的，在资源不足的情况下，一般来说会优先重新启动重要的虚拟机。VM restart priority 设置值有 Disable（关闭）、Low（低）、Medium（中）、High（高）4 个选项。对虚拟机来说 Disable 不使用 HA。根据虚拟机的重要性进行选择，比如活动目录服务器、Exchange 服务器等重要的服务器可以使用 High 选项，优先重新启动，一般重要的服务器可以选择 Medium，不太重要的服务器可以设置 Low。需要注意的是，如果接入控制的选项是 Enable，设置虚拟机重新启动优先级。首先重新启动的是 High 这个级别的虚拟机，其次是 Medium 这个级别的虚拟机，当 ESXi 主机资源不够时，Low 这个级别的虚拟机将不能重新启动。

第 5 步，设置 VM Monitoring，如图 10-10 所示，其参数设置请根据实际情况选择。

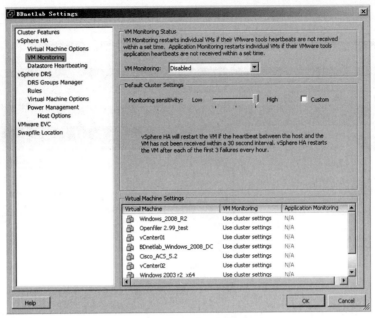

图 10-10 配置高可用性之五

参数解释如下。

当 ESXi 主机出现故障，虚拟机需要进行切换时，接入控制策略以及虚拟机重新启动优先级可以避免反复重新启动虚拟机。默认情况下，虚拟机在一定时间内重新启动次数为 3 次，在这个时间内，虚拟机执行 3 次重新启动后将不会进行重新启动。当然，可以自定义虚拟机的重新启动次数。

第 6 步，设置存储心跳，如图 10-11 所示，其参数设置根据实际情况选择。

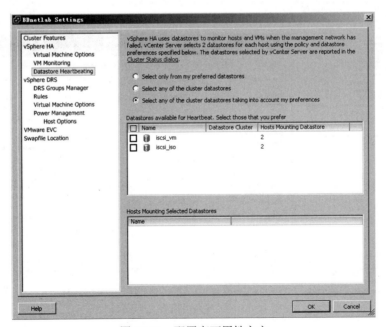

图 10-11 配置高可用性之六

第 7 步，单击"OK"按钮，启用 HA，如图 10-12 所示，系统正在配置高可用性。

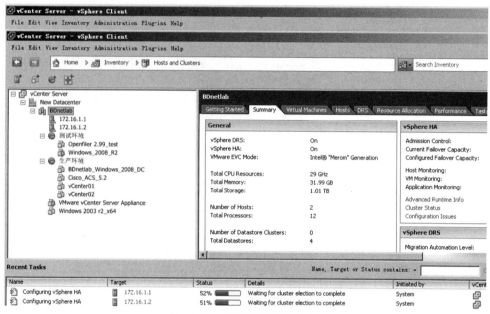

图 10-12　配置高可用性之七

第 8 步，完成配置，查看 ESXi01（172.16.1.1）主机和 ESXi02（172.16.1.2）主机的选举状态，如图 10-13、图 10-14 所示，ESXi01（172.16.1.1）主机为 Slave 主机，ESXi02（172.16.1.2）主机为 Master 主机。

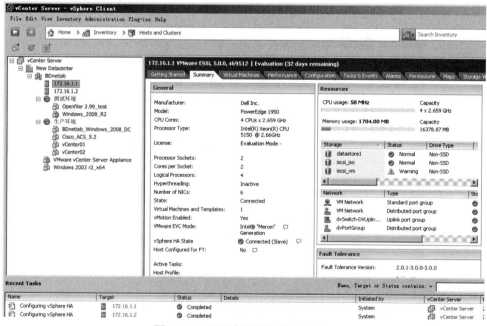

图 10-13　配置高可用性之八（1）

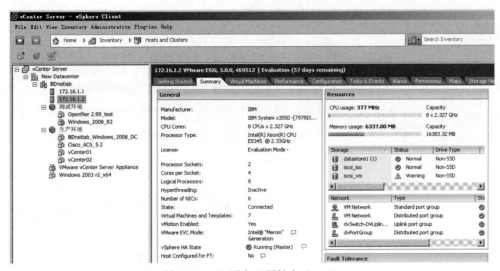

图 10-14　配置高可用性之八（2）

参数解释如下。

① "Select only from my preferred datastores：使用下面列表选择的 datastores 用作 heartbeat datastores，如果选择的任意一个 heartbeat datastore 不可用，vSphere HA 将不在执行 heartbeat 功能。

② "Select any of the cluster datastores" 使用所有的 datastores 作 heartbeat datastores。

③ "Select any of the cluster datastores taking into account my preferences" 使用下面列表选择的 datastores 用作 heartbeat datastores。如果任意一个 heartbeat datastore 不可用，vSphere HA 会通过其他可用的 heartbeat datastores 继续执行 heartbeat 功能，直到所有的 heartbeat datastores 都不可用。

第 9 步，我们以 Windows_2008_R2 虚拟机为例，测试 HA 是否启动，打开 Windows_2008_R2 虚拟机电源，确认在 ESXi01（172.16.1.1）主机上启动，如图 10-15 所示，单击 "Power on" 打开电源。

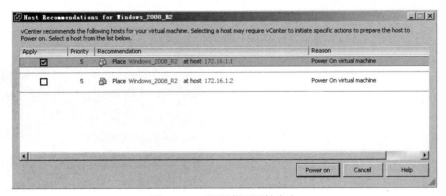

图 10-15　配置高可用性之九

第 10 步，Windows_2008_R2 虚拟机已成功启动，通过图 10-16 可以看出虚拟机运行在 ESXi01（172.16.1.1）主机上。

图 10-16　配置高可用性之十

第 11 步，拔掉 ESXi01（172.16.1.1）主机上所有的网线，相当于主机出现故障，ESXi01（172.16.1.1）主机上运行的 Windows_2008_R2 虚拟机已经无法 Ping 通，同时出现警告提示，如图 10-17 所示。

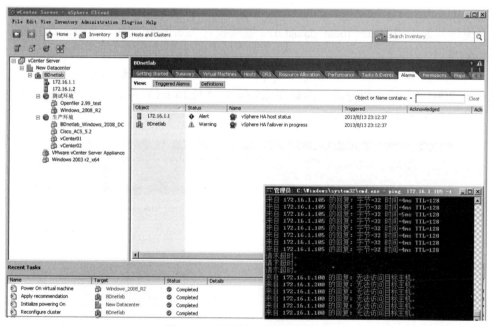

图 10-17　配置高可用性之十一

第 12 步，HA 生效，Windows_2008_R2 虚拟机开始自动迁移并重新启动，通过图 10-18 可以看到虚拟机在 ESXi02（172.16.1.2）主机上重新启动。

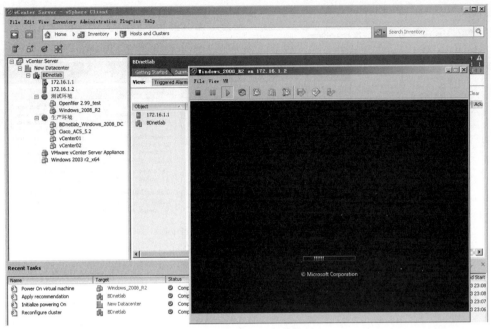

图 10-18　配置高可用性之十二

第 13 步，通过图 10-19 可以看到 Windows_2008_R2 虚拟机重新启动成功。

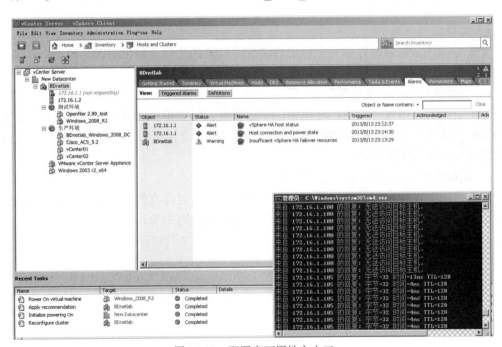

图 10-19　配置高可用性之十三

第 14 步，查看 Windows_2008_R2 虚拟机的信息，通过图 10-20 可以看到 Windows_2008_R2 虚拟机运行在 ESXi02（172.16.1.2）主机上，HA 处于保护状态。

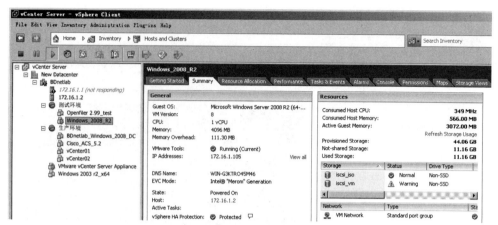

图 10-20　配置高可用性之十四

10.3　本章小结

本章介绍了 vSphere 高级特性 HA 的概念以及使用方法，HA 以低成本方式解决了传统架构中因为服务器故障而出现的服务中断问题（前提没有使用专业的集群提供服务）。在 vSphere 虚拟化架构中 HA 需要注意几个问题。

- 集群资源分配

服务器硬件资源总会存在完全使用的情况，合理的规划集群的资源，预留一些资源是 HA 能够正常工作的前提。

- 虚拟机重新启动优先顺序

由于资源的有限性，在生产环境中，一定要设置好虚拟机重新启动的优先顺序，将重要虚拟机等级提升为 High。在故障发生时，先保证重要虚拟机的重新启动，如果资源允许，再考虑其他虚拟机重新启动。

- 虚拟机重新启动时间

重新启动对虚拟机提供的应用服务会出现停止，需要注意的是，重新启动时间是不可控的，和虚拟机运行的操作系统以及应用程序存在很大的关系。

第 11 章　使用虚拟机双机热备

Fault Tolernace 即容错，简称 FT，是 vSphere 虚拟化架构的高级特性之一，可理解为 vSphere 环境下虚拟机的双机热备。第 10 章介绍 HA 的时候我们知道，HA 可以实现高可用性，但虚拟机重新启动的时间不可控。FT 就可以避免此问题，因为 FT 是虚拟机的双机热备，它以主从虚拟机方式同时运行在 2 台 ESXi 主机上。如果主虚拟机的 ESXi 主机发生故障，另一台 ESXi 主机上运行的从虚拟机立即接替工作，应用服务不会出现任何中断的情况。和 HA 相比，FT 更具优势，它几乎将故障的停止时间降到零。本章将介绍如何在 vSphere 虚拟化架构中使用虚拟机双机热备。

本章要点

- 虚拟机双机热备介绍
- 使用虚拟机双机热备

11.1　虚拟机双机热备技术介绍

Fault Tolernace 即容错，简称为 FT。本书更愿意将其称为双机热备，作为 vSphere 虚拟化解决方案中的高级特性之一，FT 的出现，使低成本双机热备成为可能。传统的双机热备需要专用的软件以及硬件设备，初期建设成本和后期运营成本是 IT 管理人员不得不面对的难题。

11.1.1　vLockstep 技术

vSphere 虚拟化架构中的 FT 使用 vLockstep 技术来实现双机热备，其本质是录制/播放功能，如图 11-1 所示。使用 FT 后，2 台 ESXi 主机运行虚拟机，一主一从，主虚拟机做的任何操作都会立即通过录制播放的方式传递到从虚拟机，也就是 2 台虚拟机所有的操作都是相同的。但由于录制/播放操作，主/从虚拟机肯定会存在一定的时间差（基本可以忽略），这个时间差称之为 vLockstep Interval，其时间差取决于 ESXi 主机以及网络的整体性能。当主虚拟机所在的 ESXi 主机发生故障时，从虚拟机立即接替工作，同时提升为主虚拟机，接替

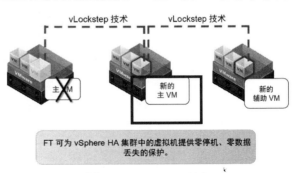

图 11-1　vLockstep 技术

的时间在瞬间完成，用户几乎感觉不到提供应用服务的后台虚拟机已经发生故障切换。

11.1.2 FT 的特性

在传统架构中，如果要实现双机热备，需要昂贵的硬件设备与软件设备，其运营成本一直居高不下。而 vSphere 虚拟化架构下的 FT 解决了很多问题，下面来了解一下它具有哪些特性。

1. 配置简单

相对于传统架构的双机热备来说，vSphere 虚拟化架构中的 FT 配置非常简单，在配置好网络、vMotion 的基础上，只需要简单几个操作即可完成。

2. 对操作系统的支持

vSphere 虚拟化架构中的 FT 充分考虑了用户需求，对 Windows、Linux 系统都提供了良好的支持。

3. 降低运营成本

相对于传统架构的双机热备需要购置大量的硬件和软件设备来说，vSphere 虚拟化架构中的 FT 不需要新的硬件投入，在已有架构上即可实现。

11.2　使用虚拟机双机热备

11.2.1　虚拟机双机热备的要求与限制

上节已经介绍了 FT 的各种优点，但并不是任何 ESXi 主机都可以使用 FT，在正式部署 FT 前来看看它的要求与限制。

1. FT 支持的 CPU

表 11-1　　　　　　　　　　　FT 支持的 CPU

厂商	CPU 系列	型　　号	备　　注
Intel	Xeon 45nm Core2	31XX 系列	
		33XX 系列	
		52XX 系列（DP）	
		54XX 系列	
		74XX 系列	
	Xeon Core i7	34XX 系列（Lynnfield）	需 vSphere 4.0 Update 1 以后的版本
		34XX 系列（Clarkdale）	需 vSphere 4.0 Update 2 以后的版本
		35XX 系列	
		36XX 系列	需 vSphere 4.0 Update 2 以后的版本
		55XX 系列	
		56XX 系列	需 vSphere 4.0 Update 2 以后的版本

续表

厂商	CPU 系列	型　号	备　注
Intel	Xeon Core i7	65XX 系列	需 vSphere 4.0 Update 2 以后的版本
		75XX 系列	需 vSphere 4.1 以后的版本
AMD	3rd Generation Opteron	13XX and 14XX 系列	
		23XX and 24XX 系列（DP）	
		41XX 系列	需 vSphere 4.0 Update 1 以后的版本
		61XX 系列	需 vSphere 4.0 Update 1 以后的版本
		83XX and 84XX 系列（MP）	

2．FT 支持的操作系统

表 11-2　　　　　　　　　　　FT 支持的操作系统

操作系统	Intel Xeon 45nm Core2 架构	Intel Xeon Core i7 架构	AMD 3rd Generation Opteron
Windows 7	支持	支持/关机	支持/关机
Windows Server 2008	支持	支持/关机	支持/关机
Windows Vista	支持	支持/关机	支持/关机
Windows server 2003（x64）	支持	支持/关机	支持/关机
Windows server 2003	支持	支持/关机	支持/关机
Windows XP（x64）	支持	支持/关机	支持/关机
Windows XP	支持	支持/关机	不支持
Windows 2000	支持/关机	支持/关机	不支持
Windows NT	支持	支持/关机	不支持
Linux（所有 ESXi 支持的版本）	支持	支持/关机	支持/关机
Netware Server	支持/关机	支持/关机	支持/关机
Solaris 10（x64）	支持	支持/关机	支持/关机
Solaris 10	支持	支持/关机	不支持
FreeBSD（所有 ESXi 支持的版本）	支持	支持/关机	支持/关机

① 支持，表示虚拟机↑可以在开机状态下启用 FT。

② 支持/关机，表示虚拟机可以在关机状态下启用 FT。

③ 不支持，表示虚拟机不能启用 FT。

3．FT 对存储的要求

① 必须是共享存储（FC 存储、iSCSI 存储、NFS 存储）。

② VMDK 必须为厚盘格式。

4．FT 对网络的要求

① 千兆以太网卡，作为 FT Logging 使用。

② FT 使用的网络必须为同一个 LAN 或 VLAN。

5．FT 对虚拟机的要求

① 虚拟机只能使用一个 vCPU。

② 虚拟机不能是 Link Clone。

③ 虚拟机不能有快照。

④ 虚拟机不能有热插拔功能。

⑤ 虚拟机不能执行存储 vMotion。

11.2.2 配置虚拟机双机热备

通过 FT 支持的 CPU 列表可以看出，物理实战环境配置 DELL PowerEdge 1950 服务器（CPU 为 Intel Xeon 5150）和 IBM System X3550（CPU 为 Intel Xeon5345）服务器的 CPU 均不在列表中，也就是无法启用 FT。本节实战操作将使用 2 台 DELL PowerEdge R610 服务器来配置 FT。

1．硬件配置

DELL PowerEdge R610 服务器详细参考表 11-3。

表 11-3 DELL PowerEdge R610 服务器硬件配置

设备名称	CPU	内存	硬盘	网卡	备注
DELL PowerEdge R610	XEON 5504*2	12GB DDR2	146GB SAS	Broadcom 千兆	ESXi03 主机
DELL PowerEdge R610	XEON 5504*1	4GB DDR2	146GB SAS	Broadcom 千兆	ESXi04 主机

2．IP 地址分配

表 11-4 服务器 IP 地址分配

设 备 名	流 量	IP 地址
ESXi03 主机（DELL PowerEdge R610-01 服务器）	管理/虚拟机流量	172.16.1.3/24
	iSCSI 存储	172.16.1.163/24
	VMotion/FT 迁移流量	172.16.1.173/24
ESXi04 主机（DELL PowerEdge R610-02 服务器）	管理/虚拟机流量	172.16.1.4/24
	iSCSI 存储	172.16.1.164/24
	VMotion/FT 迁移流量	172.16.1.174/24

3．配置虚拟机双机热备

按第 1 章介绍的方法安装好 ESXi03（172.16.1.3）和 ESXi04（172.16.1.4）2 台 ESXi 主机，在 BDnetlab_Windows_2008_DC 虚拟机上执行 FT。

第 1 步，创建单独的标准交换机运行 FT，勾选"Fault Tolerance Logging"，如图 11-2 所示，单击"OK"按钮。

第 2 步，完成执行 FT 前的检查，如图 11-3 所示，确认虚拟机只使用 1 颗 vCPU、512MB 内存以及没有挂载光驱等设备。

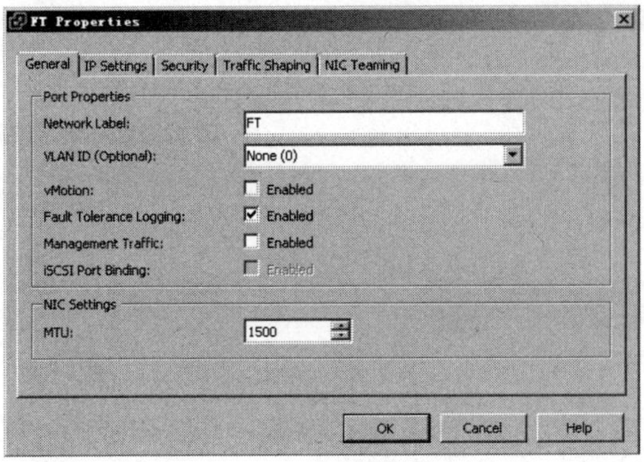

图 11-2　配置 FT 之一

图 11-3　配置 FT 之二

第 3 步，在需要使用 FT 的虚拟机上单击右键，选择 "Fault Tolerance"，如图 11-4 所示。

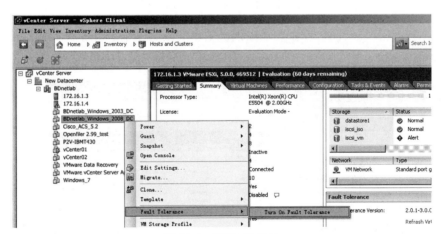

图 11-4　配置 FT 之三

第 4 步，如果虚拟机所使用的虚拟硬盘没有转换为厚盘置零格式，将出现图 11-5 所示的提示将虚拟机硬盘转换为厚盘格式的信息。

第 5 步，如果在创建虚拟机的时候直接使用的是厚盘置零格式，将出现图 11-6 所示的提示虚拟机的内存预留将更改为虚拟机的内存大小的信息，单击 "是（Y）" 按钮。

第 6 步，开始创建主虚拟机副本，如图 11-7 所示。

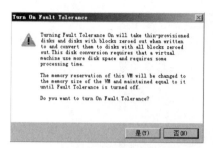

图 11-5 配置 FT 之四

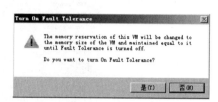

图 11-6 配置 FT 之五

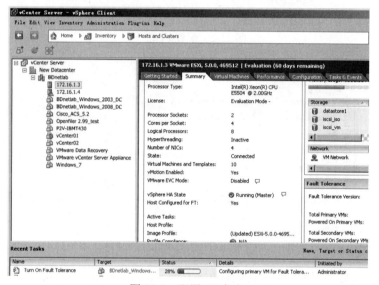

图 11-7 配置 FT 之六

第 7 步，等待一段时间后即可完成虚拟机副本的复制工作，如图 11-8 所示，注意虚拟机图标的变化。

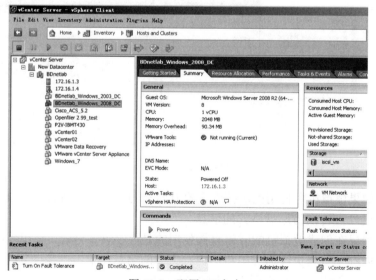

图 11-8 配置 FT 之七

第 8 步，在 BDnetlab_Windows_2008_DC 虚拟机上单右键，选择"Power"→"Power on"
打开 BDnetlab_Windows_2008_DC 虚拟机电源，如图 11-9 所示。

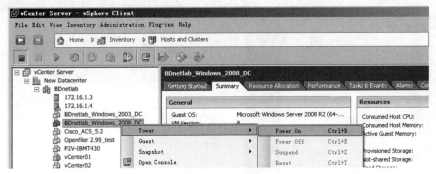

图 11-9　配置 FT 之八

第 9 步，如果 ESXi 主机硬件不支持 FT，那么配置过程中可能会出现类似图 11-10 所
示的错误提示。

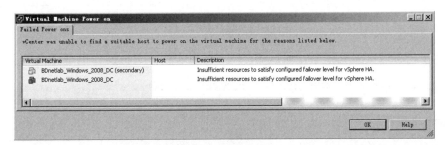

图 11-10　配置 FT 之九

第 10 步，单击"BDnetlab"集群，选择"Virtual Machines"，可以看到 2 台
BDnetlab_Windows_2008_DC 虚拟机，其中一台是 secondary，如图 11-11 所示。

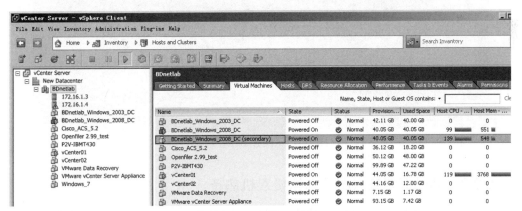

图 11-11　配置 FT 之十

第 11 步，打开 2 台虚拟机控制窗口，可以看到，运行在 ESXi03（172.16.1.3）主机上
的 BDnetlab_Windows_2008_DC 虚拟机为只读状态。打开"画图"应用程序，书写"BDnetlab
FT"，通过图 11-12 可以看到，操作是完全同步的。

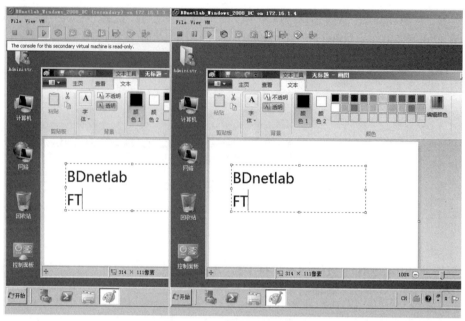

图 11-12　配置 FT 之十一

第 12 步，再运行关机程序，通过图 11-13 可以看到，关机操作也是完全同步的。

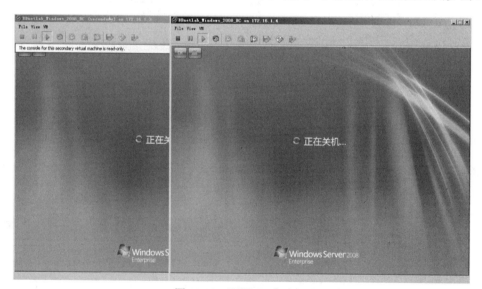

图 11-13　配置 FT 之十二

11.2.3　通过调整参数配置虚拟机双机热备

由于配置 FT 必须依靠 CPU 的支持，因此使用 VMware Workstation 搭建的虚拟环境默认情况下不能使用 FT 的高级特性，可以通过调整参数的方式使用 FT，需要注意的是，通过参数调整并不是每个 VMware Workstation 虚拟环境都适用，可能调整后依然无法实施 FT。

第 1 步，参考 11.2.2 小节的操作对 Windows 7 虚拟机执行 FT。如果 CPU 不支持 FT，配置 FT 启动虚拟机电源时会出现报警，如图 11-14 所示，单击"Close"按钮。

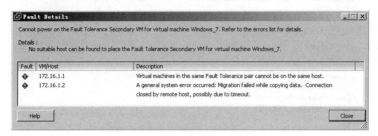

图 11-14　通过调整参数配置 FT 之一

第 2 步，调整虚拟机配置的方式让它支持 FT，在 Windows_7 虚拟机上单击右键，选择"Edit Settings"，如图 11-15 所示。

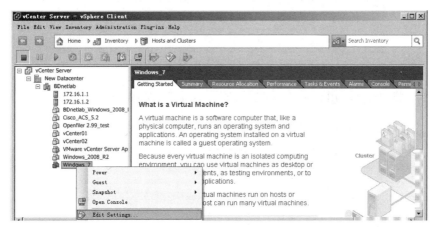

图 11-15　通过调整参数配置 FT 之二

第 3 步，选择"Options"菜单中的"General"，单击"Configuration Parameters"按钮，修改参数，如图 11-16 所示。

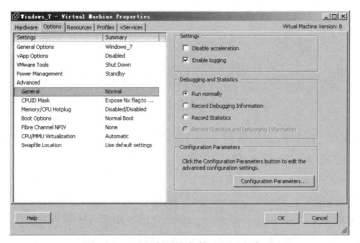

图 11-16　通过调整参数配置 FT 之三

第 4 步，将 "replay.supported" 参数修改为 "true"，如图 11-17 所示。

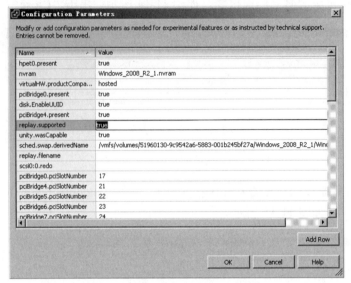

图 11-17　通过调整参数配置 FT 之四

第 5 步，将 "replay.allowFT" 参数修改为 "true"，如图 11-18 所示。

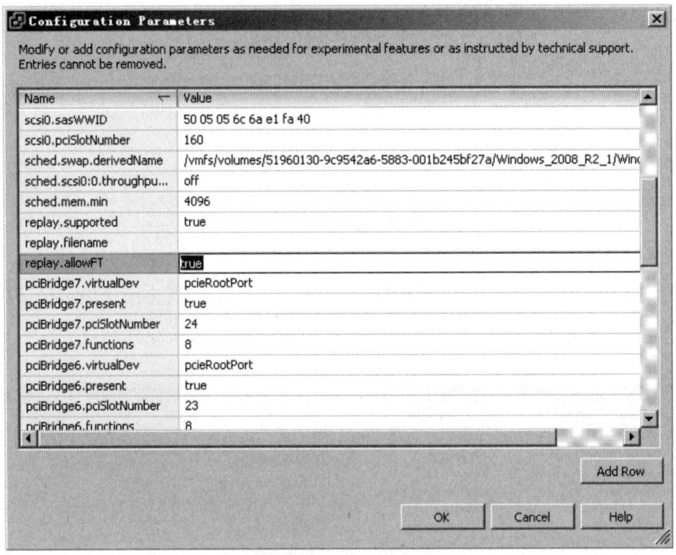

图 11-18　通过调整参数配置 FT 之五

第 6 步，单击 "Add Row" 按钮，新建字段 "replay.allowBTOnly"，参数值设置为 "true"，如图 11-19 所示，单击 "OK" 按钮。

第 7 步，打开 Windows 7 虚拟机电源，由于启用了 DRS，系统建议在某台 ESXi 主机上启动，如图 11-20 所示，单击 "Power on" 按钮。

我们是在物理服务器上进行的操作，这种参数的调整对物理服务器基本上没有多少作用，读者可以在 VMware Workstation 虚拟环境下进行测试。

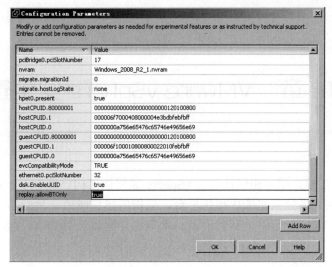

图 11-19　通过调整参数配置 FT 之六

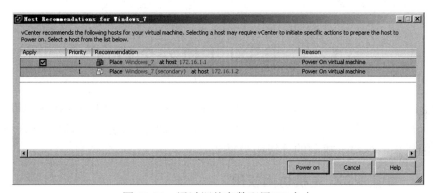

图 11-20　通过调整参数配置 FT 之七

11.3　本章小结

通过本章的实战操作，实现了虚拟机的双机热备，相信读者对 FT 技术有了初步的了解。在生产环境下使用双机热备需要注意以下问题。

① FT 不能保证虚拟机永不停机。目前，vSphere 虚拟化架构提供的 FT 技术是基于操作系统的，以 Windows 系统为例，如果主虚拟机运行的 Windows 系统发生蓝屏的情况，那么根据 FT 技术原理，从虚拟机上运行的 Windows 系统同样会发生蓝屏情况。

② FT 对 CPU 的支持。目前 FT 技术对物理 CPU 以及虚拟机 vCPU 的支持都有一定的限制，虚拟机只能使用 1 颗 vCPU，对 vCPU 的有限支持极大地影响了虚拟机的性能。

③ FT 不能取代传统集群服务。当 FT 技术出现时，业内惊呼传统集群架构将走向末路。了解 FT 技术后，我们发现，目前 FT 技术只能解决虚拟机操作系统双机热备的问题，而后续的如负载均衡应用程序的双机热备等问题则需要 VMware 与应用程序提供商共同解决。也许在将来 FT 技术能够取代传统集群，但现在看来还有很长的路要走。

第 12 章　VMware vSphere 安全管理

通过前面 11 章的介绍，相信读者对 vSphere 虚拟化架构已经有了一定的了解，可以通过前面的实战案例来搭建自己的虚拟化平台。架构搭建完成后，我们需要对 vSphere 安全进行一些了解，方便读者日常的运营管理。本章将介绍如何对 ESXi 主机进行安全管理。

本章要点

- ESXi 主机安全管理
- 配置 ESXi 防火墙

12.1　ESXi 主机安全管理

在前 11 章各种实战操作中，我们使用的都是 root 权限，具有 ESXi 主机以及 vCenter Server 的所有权限。在生产环境中，一直使用 root 是极不好的操作习惯，误操作可能会带来灾难性的后果，这对于权限的分级相当重要。

12.1.1　配置 ESXi 主机访问权限

默认情况下，ESXi 主机分为 3 大角色：No Access（不能访问）、Read-Only（只读访问）和 Administrator（管理员），如图 12-1 所示。

默认的角色显示不符合日常管理需求，在本节实战操作中，我们创建一个新的角色"VM快照创建者"，赋予这个角色快照创建权限，然后再创建一个用户"test"以及用户组"bdnetlab"，通过组赋予快照创建权限。

第 1 步，使用 VMware vSphere Client 登录 ESXi01（172.16.1.1）主机，选择"Home"→"Administration"→"Roles"，如图 12-2 所示，进入角色添加界面。

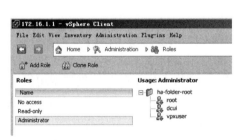

图 12-1　ESXi 主要 3 大角色

图 12-2　配置 ESXi 主机访问权限之一

第 2 步，单击"Add Role"，如图 12-3 所示，添加新的角色。

第 3 步，输入角色的名称"VM 快照创建者"，如图 12-4 的所示，在"Privileges"中选择需要执行的具体操作，单击"OK"按钮。

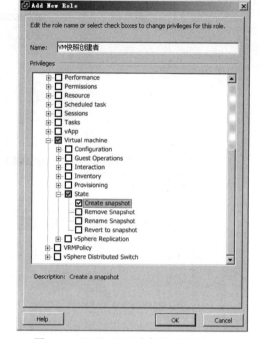

图 12-3　配置 ESXi 主机访问权限之二　　　　图 12-4　配置 ESXi 主机访问权限之三

第 4 步，单击 ESXi01（172.16.1.1）主机，选择"Local Uers & Groups"菜单中的"Goups"，先创建组，如图 12-5 所示，在空白处单击鼠标右键，选择"Add"。

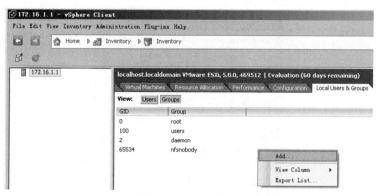

图 12-5　配置 ESXi 主机访问权限之四

第 5 步，输入组名"bdnetlab"，如图 12-6 所示，目前还没有创建新的用户，暂时不添加，单击"OK"按钮。

第 6 步，单击 ESXi01（172.16.1.1）主机，选择"Local Uers & Groups"菜单中的"Users"，创建用户，如图 12-7 所示，在空白处单击鼠标右键，选择"Add"。

图 12-6　配置 ESXi 主机访问权限之五

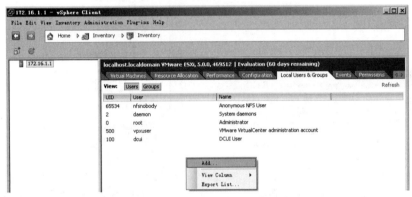

图 12-7　配置 ESXi 主机访问权限之六

　　第 7 步，输入用户名"test"以及密码，选择用户所属的组，此处选择刚才创建的"bdnetlab"组，如图 12-8 所示，单击"OK"按钮。

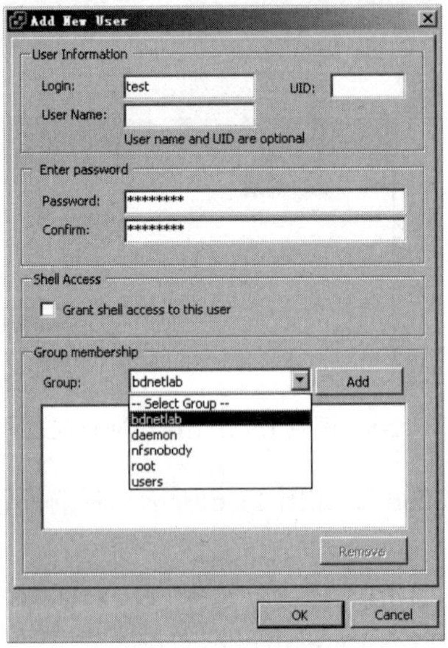

图 12-8　配置 ESXi 主机访问权限之七

第 8 步，角色与用户以及用户组都已经创建，还需要赋予用户组的权限，单击 ESXi01（172.16.1.1）主机，选择"Permission"菜单，如图 12-9 所示，在空白处点击鼠标右键，选择"Add Permission"。

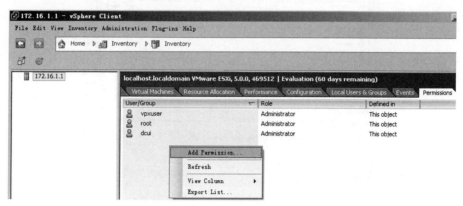

图 12-9　配置 ESXi 主机访问权限之八

第 9 步，此时"Users and Groups"没有任何信息，如图 12-10 所示，单击"Add"按钮。

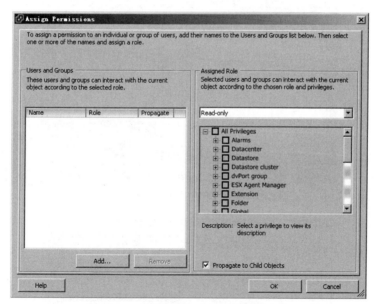

图 12-10　配置 ESXi 主机访问权限之九

第 10 步，选择刚才创建的用户组"bdnetlab"，单击"Add"添加，如图 12-11 所示，再单击"OK"按钮。

第 11 步，此时"Users and Groups"中已经将用户组添加进去，如图 12-12 所示。

第 12 步，赋予"bdnetlab"权限，在"Assigned Role"中选择刚才创建的角色"VM 快照创建者"，如图 12-13 所示，单击"OK"按钮。

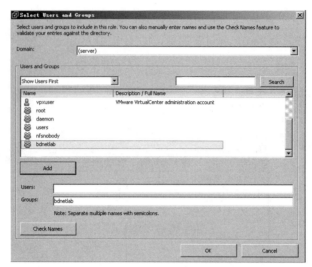

图 12-11　配置 ESXi 主机访问权限之十

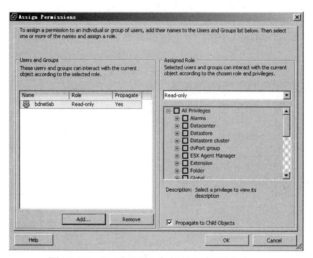

图 12-12　配置 ESXi 主机访问权限之十一

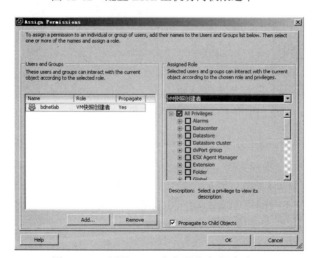

图 12-13　配置 ESXi 主机访问权限之十二

第 13 步，使用 VMware vSphere Client 登录 ESXi01（172.16.1.1）主机，用户名使用刚创建的"test"，如图 12-14 所示，单击"Login"按钮。

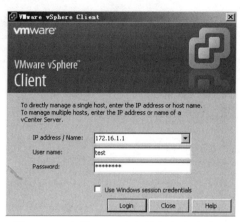

图 12-14　配置 ESXi 主机访问权限之十三

第 14 步，成功登录，在 ESXi01（172.16.1.1）主机上单击鼠标右键，我们发现菜单的选项基本不可用，如图 12-15 所示，这是因为我们只赋予了"test"用户创建快照权限，所以其他操作选项均为灰色。

图 12-15　配置 ESXi 主机访问权限之十四

12.1.2　配置 ESXi 与 AD 集成

在目前的生产环境中基本上都部署了活动目录服务器，vSphere 虚拟化架构也提供了与活动目录集成，配置集成后即可使用活动目录的用户账户来对 ESXi 主机进行管理，减少了创建多个用户账户的问题。

第 1 步，选择 ESXi01（172.16.1.1）主机，单击"Configuration"菜单中的"Authentication Services"，如图 12-16 所示，单击"Properties"。

第 2 步，打开目录服务配置窗口，如图 12-17 所示，选择使用"Active Directory"，输入 Domain 名称"bdnetlab.com"，单击"Join Domain"按钮。

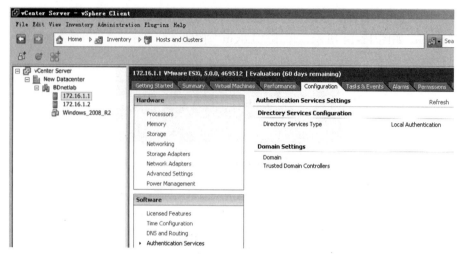

图 12-16　配置 ESXi 与 AD 集成之一

图 12-17　配置 ESXi 与 AD 集成之二

　　第 3 步，验证是否有权限添加目录服务，输入 bdnetlab.com 活动目录管理员用户名及密码，如图 12-18 所示，单击"Join"按钮。

　　第 4 步，配置完成，如图 12-19 所示，单击"OK"按钮。

图 12-18　配置 ESXi 与 AD 集成之三

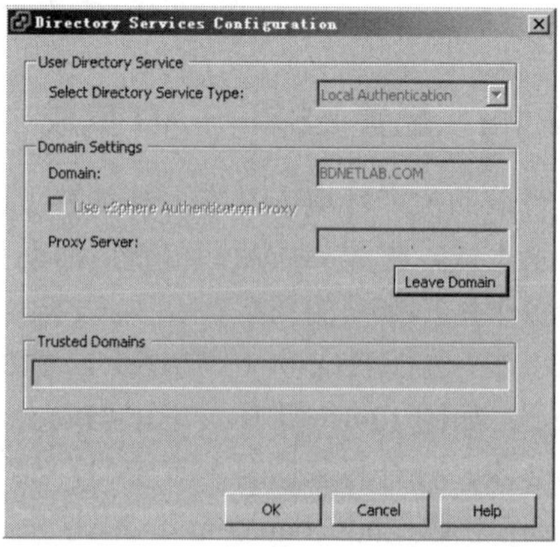

图 12-19　配置 ESXi 与 AD 集成之四

第 5 步，选择 ESXi01（172.16.1.1）主机，单击"Configuration"菜单中的"Authentication Services Settings"，如图 12-20 所示，查看其集成状态。

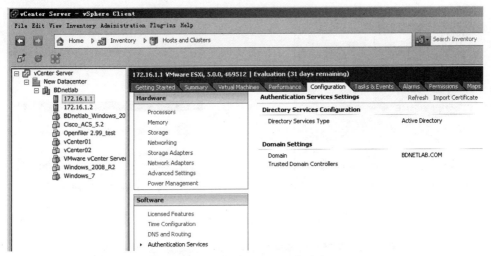

图 12-20　配置 ESXi 与 AD 集成之五

12.1.3　配置通过主机名访问 ESXi 主机

前面章节的实战操作中都是通过 IP 地址访问 ESXi 主机的，小规模环境使用没有问题，但大规模环境使用可能会导致管理的混乱。本章实战操作中，我们将配置 DNS 通过主机名访问 ESXi 主机。

第 1 步，创建 DNS 服务器，由于我们已经建有 bdnetlab.com 活动目录，读者如果没有 DNS 服务器，可通过 Windows Server 2003 或 Windows Server 2008 创建 DNS 服务器，本节实战操作使用 BDnetlab_2008_DC 虚拟机上的 DNS 服务器。

第 2 步，在"正向查找区域"中的"bdnetlab.com"上单击鼠标右键，选择"新建主机（A 或 AAAA）（S）"，如图 12-21 所示。

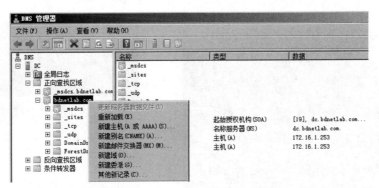

图 12-21　通过主机名访问 ESXi 主机之一

第 3 步，输入新建主机的名称、IP 地址信息，如图 12-22 所示，单击"添加主机（H）"按钮。

第 4 步，出现提示窗口，通过图 12-23 可以看到创建主机记录成功，单击"确定"按钮。

图 12-22 通过主机名访问 ESXi 主机之二　　　　图 12-23 通过主机名访问 ESXi 主机之三

第 5 步，再以此方式添加 ESXi02（172.16.1.2）主机，添加完成后如图 12-24 所示。

图 12-24 通过主机名访问 ESXi 主机之四

第 6 步，通过 Ping 命令检测新建主机情况是否正确，如图 12-25 所示。

第 7 步，使用 VMware vSphere Client 登录 ESXi01 主机，如图 12-26 所示，"IP address/Name"输入"ESXi01.bdnetlab.com"，单击"Login"按钮。

图 12-25 通过主机名访问 ESXi 主机之五　　　　图 12-26 通过主机名访问 ESXi 主机之六

第 8 步，成功以主机名登录 ESXi 主机，如图 12-27 所示。

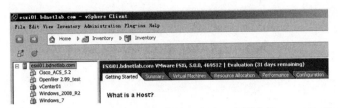

图 12-27　通过主机名访问 ESXi 主机之七

12.1.4　配置 vCenter Server 权限

日常管理工作中，我们是通过 vCenter Server 对 ESXi 主机进行管理的，vCenter Server 的权限设置基本和 ESXi 主机相同，只是 vCenter Server 的默认角色要比 ESXi 主机多一些，其操作基本一致。

vCenter Server 权限配置和 ESXi 主机权限配置基本一致，我们只需了解它们的一些差别即可。

第 1 步，选择"Home"，可以看到 vCenter Server 比 ESXi 主机多了很多配置选项，如图 12-28 所示。

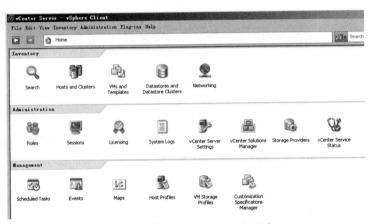

图 12-28　配置 vCenter Server 权限之一

第 2 步，单击"Roles"进入角色配置视图，如图 12-29 所示。和 ESXi 主机相比，vCenter Server 增加了虚拟机和资源池的角色。

图 12-29　配置 vCenter Server 权限之二

第 3 步，单击"Add Role"，后续的配置与 ESXi 主机基本一致，此处不再详细介绍。

12.2 配置 ESXi 防火墙

12.2.1 配置 ESXi 防火墙

读者是否还记得第 1 章我们使用 SSH 命令行管理 ESXi 主机？当时的操作是在 ESXi 主机上进行的，其实质就是操作 ESXi 主机的防火墙。为了保证安全 ESXi 主机，集成了常用的防火墙功能，可以根据实际情况选择是否开启。

本节实战操作中，我们将通过防火墙开启 SSH 来介绍如何修改 ESXi 主机防火墙。

第 1 步，选择 ESXi01（172.16.1.1）主机，单击"Configuration"菜单中的"Security Profile"，如图 12-30 所示，可以看到目前 ESXi 主机防火墙的状态。

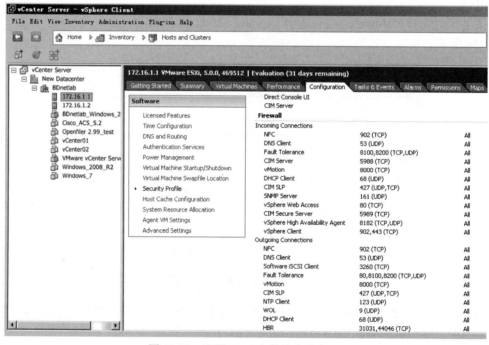

图 12-30 配置 ESXi 主机防火墙之一

第 2 步，单击"Properties"打开防火墙配置窗口，如图 12-31 所示。

第 3 步，从图 12-32 可以看到，"SSH Server"的状态是"Stopped"，单击"Options…"按钮。

第 4 步，系统提示设置"Startup Policy"（启动策略），选择"Start and stop manually"（手动启动和停止），如图 12-33 所示。如果想自动启动或 ESXi 主机开机启动，请选择其他选项。

第 5 步，单击"Start"按钮启动服务，从图 12-34 可以看到"Status"状态已经变为"Running"，单击"OK"按钮关闭窗口。

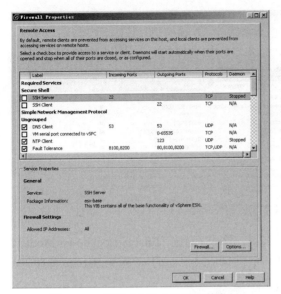

图 12-31　配置 ESXi 主机防火墙之二

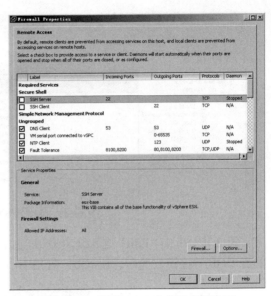

图 12-32　配置 ESXi 主机防火墙之三

图 12-33　配置 ESXi 主机防火墙之四

图 12-34　配置 ESXi 主机防火墙之五

第 6 步，通过 SecureCRT 软件可登录 ESXi01 主机进行 ESXi 命令行管理，如图 12-35 所示。

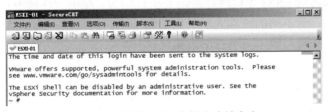

图 12-35　配置 ESXi 主机防火墙之六

12.2.2　配置 ESXi 主机锁定模式

vSphere 为了保证 ESXi 主机的安全，将 ESXi 主机添加进 vCenter Server 进行管理时，可以选择使用锁定模式，ESXi 主机无法添加到其他 vCenter Server 进行管理。

第 1 步，选择 ESXi01（172.16.1.1）主机，单击"Configuration"→"Security Profile"，从图 12-36 中可以看到，目前 ESXi 主机的"Lockdown Mode"状态为"Disabled"。

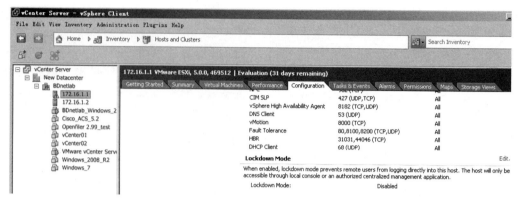

图 12-36　配置 ESXi 主机锁定模式之一

第 2 步，单击"Edit"进入编辑窗口，如图 12-37 所示，勾选"Enable Lockdown Mode"，单击"OK"按钮。此时，ESXi01（172.16.1.1）主机只能被目前的 vCenter Server 管理。

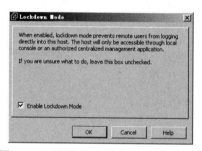

图 12-37　配置 ESXi 主机锁定模式之二

12.3　本章小结

本章介绍了如何对 ESXi 主机进行常用安全性配置。在生产环境中对 ESXi 主机的安全管理是相当重要的，对不同的管理人员一定要赋予不同的权限，而不是使用 root 权限，否则，一旦发生误操作将导致不可估计的后果。

第13章 VMware vSphere 性能监控与管理

通过前 12 章内容我们已经基本掌握了 vSphere 虚拟化架构的搭建。架构搭建完成后，监控其性能也是后期主要工作之一。vSphere 提供了丰富的监控功能以及性能图表等工具，本章将介绍如何使用警告监控 ESXi 主机以及虚拟机状态，如何使用性能图表等工具。

本章要点
- 使用警告
- 使用性能图表

13.1　使用警告管理

vSphere 虚拟化架构提供了警告机制。vCenter Server 或 ESXi 主机预定义很多基于集群、ESXi 主机、虚拟机的警告。根据警告可以监视资源消耗或对象的状态，以及当某些条件具备时提醒管理员，如高资源使用或低资源使用。这些警告可以提供一个行动（提供一个行为），通过发送电子邮件通知管理人员，一个动作也可以自动运行脚本或提供其他意味着修正问题的虚拟机或主机的可能经历。

13.1.1　系统默认警告

1. 系统默认警告介绍

无论是 vCenter Server、集群还是 ESXi 主机系统都默认设置了很多的警告条目，一旦达到触发条件，系统就会出现警告提示。图 13-1 所示为集群的默认警告条目。

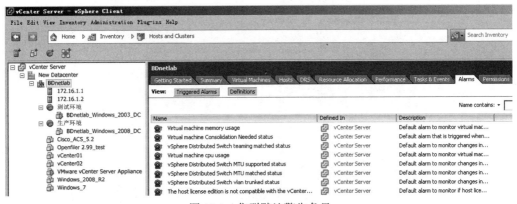

图 13-1　集群默认警告条目

系统默认警告条目主要涉及的监控项目有如下几点。

① ESXi 主机 CPU 电压、温度等状态。

② 虚拟机 CPU 使用率、内存使用率。

③ 存储空间的使用率。

④ HA、FT 等高级特性错误。

2. 理解警告的范围

vCenter Server、集群、ESXi 主机的警告条目是不同的，有些警告只能运用到虚拟机，而有些警告只能运用到 ESXi 主机。

13.1.2 创建自定义警告

1. 创建警告需要考虑的事项

如果默认的警告条目不能满足日常管理工作的需要，可以使用自定义警告，在创建警告条目前，我们必须要考虑以下几个问题。

① 默认的警告条目是否可以处理相同的监控任务。

② 选择在什么位置创建警告条目，vCenter Server、集群还是 ESXi 主机。

2. 创建自定义警告

本节实战案例中，我们将在 vCenter Server 上创建一个内存使用超额的警告提示，为了快速触发警告，我们会将条件设置很小，此设置仅用于测试环境。

第 1 步，在 "vCenter Server" 上单击鼠标右键，选择 "Alarm" 中的 "Add Alarm"，如图 13-2 所示。

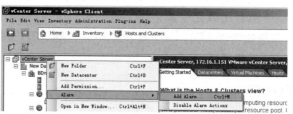

图 13-2　创建自定义警告之一

第 2 步，打开警告设置窗口，如图 13-3 所示，输入警告的名称 "内存超额警告"，选择警告监控类型，此处是对虚拟机内存进行监控，选择 "Virtual Machines"。

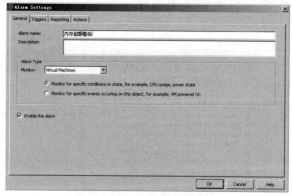

图 13-3　创建自定义警告之二

　　第 3 步，切换到"Triggers"（触发），设置满足什么样的条件就会触发警告，单击"Add"按钮，参数按图 13-4 进行设置。

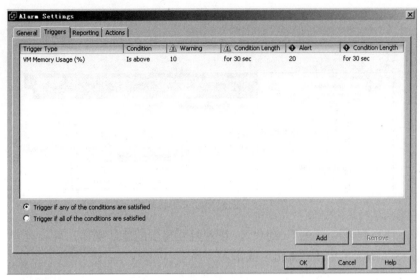

图 13-4　创建自定义警告之三

参数解释如下所示。

　　① Trigger Type（触发类型）：设置触发警告的类型，系统内置了很多的触发类型，可根据实际情况选择。

　　② Condition（条件）：设置触发警告的条件，有 Is above（高于）和 Is below（小于）两个选项。

　　③ Warning（警告）：设置触发警告的条件的具体值，与 Condition（条件）密切相关，图 13-4 所设置的条件是虚拟机内存使用率高于 10%就会触发警告。

　　④ Condition Length（条件保持时间）：设置触发警告的条件保持的时间。

　　⑤ Alert（警示）：设置警示条件的具体值，与 Condition（条件）密切相关。

　　⑥ Condition Length（条件保持时间）：设置触发警告的条件保持的时间。

　　第 4 步，vCenter Server 出现警告提示，从图 13-5 中可以看出 VMware vCenterServer 虚拟机已经出现警告提示。

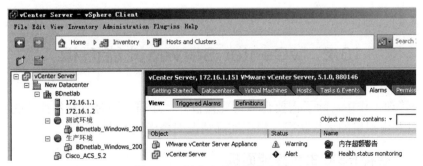

图 13-5　创建自定义警告之四

第 5 步，出现警告提示后，我们可以在警告条目上单击鼠标右键，选择"Acknowledge Alarm"（确认警告）以及"Clear"（清除）来对警告进行处理，如图 13-6 所示。

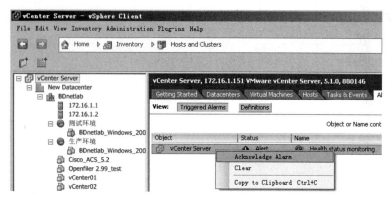

图 13-6　创建自定义警告之五

第 6 步，切换到"Actions"（动作），设置触发警告的后续操作，可以设置发送邮件等选项，如图 13-7 所示，单击"Add"按钮。

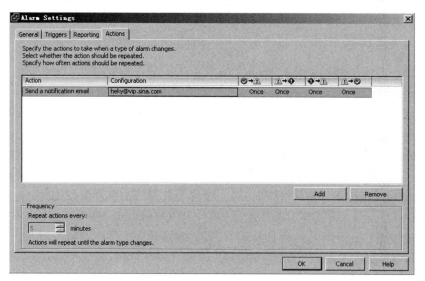

图 13-7　创建自定义警告之六

13.2　vCenter Server 性能面板

日常的管理工作中，除了需要合理设置警告外，还需要随时查看各种性能面板，观察 ESXi 主机以及虚拟机的运行状况，根据实际情况对资源进行重新调整。

13.2.1　查看 ESXi 主机性能面板

选择 ESXi 主机，使用"Performance"菜单来查看 ESXi 主机性能，如图 13-8 所示。

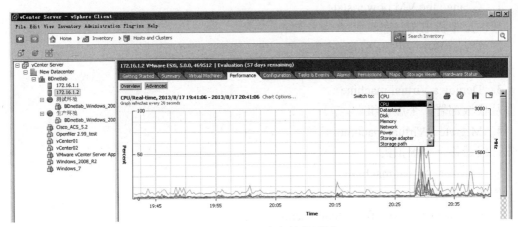

图 13-8　ESXi 主机性能面板

可以通过"Switch to"来对 CPU、内存、存储、网络等硬件资源的使用情况进行查看，同时也可以单击"保存"按钮将当前图表保存为图片格式，以备将来使用。

13.2.2　查看虚拟机性能面板

在日常管理工作中，我们一般使用 vCenter Server 来查看所有的虚拟机状态，当然也可以通过 ESXi 主机来查看，图 13-9 显示了 vCenter Server 所有虚拟机的状态。

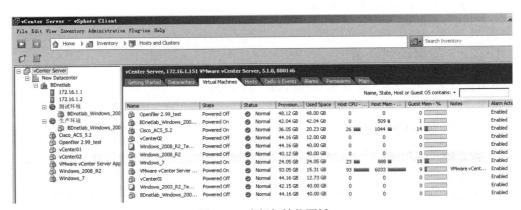

图 13-9　虚拟机性能面板

13.3　计划任务管理

vSphere 虚拟化架构也提供类似于 Windows 系统的计划任务功能，对于一些常用的操作，可以用创建计划任务让系统自动完成，这在一定程度上减轻了管理人员的工作量。

13.3.1　计划任务能够管理的工作

在开始创建之前，先了解一下计划任务能够完成的工作。

1. Change the VM power state
修改虚拟机电源状态。

2. Clone a Virtual machine
克隆一个虚拟机。

3. Deploy a Virtual machine
从模板部署一个虚拟机。

4. Migrate a Virtual machine
在线迁移一个虚拟机。

5. Create a Virtual machine
创建一个虚拟机。

6. Create a snapshot of a virtual machine
为虚拟机创建一个快照。

7. Add a host
添加一个 ESXi 主机。

8. Change cluster power settings
修改集群电源状态。

9. Change resource pool or VM resource settings
修改资源设置。

10. Check compliance for a profile
检查 host profile 文件。

13.3.2　创建计划任务

本节实战案例将创建一个克隆虚拟机的计划任务。

第 1 步，使用 VMware vSphere Client 登录 vCenter Server，选择"Home"，如图 13-10 所示，单击"Scheduled Tasks"。

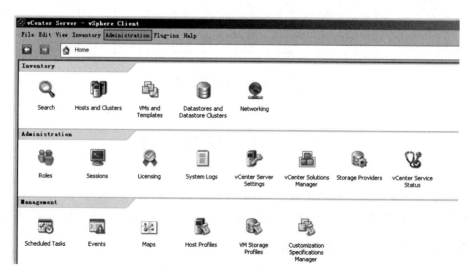

图 13-10　创建计划任务之一

第 2 步，单击 "New" 开始创建计划任务，如图 13-11 所示。

第 3 步，选择计划任务的类型，如图 13-12 所示，此处选择 "Clone a virtual machine"（克隆一个虚拟机），单击 "OK" 按钮。

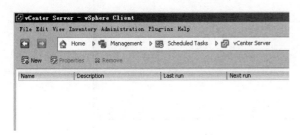
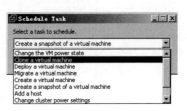

图 13-11　创建计划任务之二　　　　　　　　图 13-12　创建计划任务之三

第 4 步，选择需要执行克隆操作的虚拟机，此处选择 "Cisco_ACS_5.2"，如图 13-13 所示，单击 "Next" 按钮。

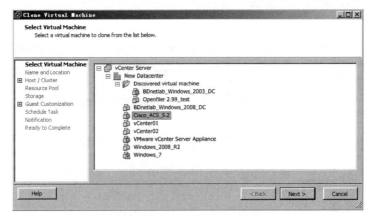

图 13-13　创建计划任务之四

第 5 步，设置克隆虚拟机的名称，输入 "acs 克隆"，选择放入的数据中心，如图 13-14 所示，单击 "Next" 按钮。

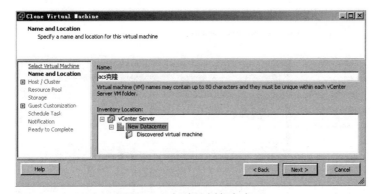

图 13-14　创建计划任务之五

第 6 步，选择集群并对其进行校验，如图 13-15 所示，单击 "Next" 按钮。

第 7 步，选择需要放置的 ESXi 主机并进行校验，如图 13-16 所示，单击"Next"按钮。

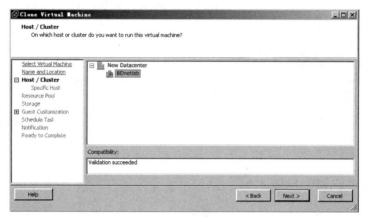

图 13-15　创建计划任务之六

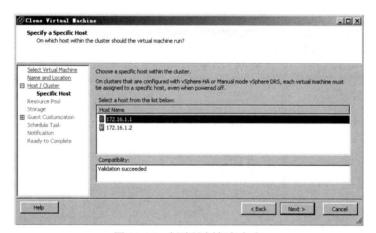

图 13-16　创建计划任务之七

第 8 步，如果启用了 DRS，需要设置克隆后的主机放置在哪个资源池，如图 13-17 所示，单击"Next"按钮。

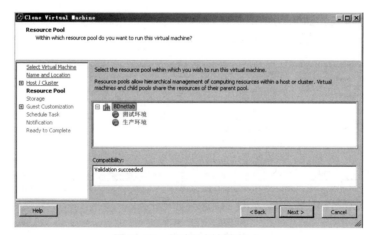

图 13-17　创建计划任务之八

第 9 步，选择虚拟机硬盘格式以及存放位置，如图 13-18 所示。选择"Iscsi_vm"存储，单击"Next"按钮。

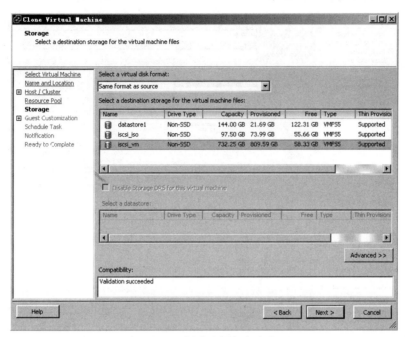

图 13-18　创建计划任务之九

第 10 步，设置是否对虚拟机操作系统进行配置，如图 13-19 所示。Cisco_ACS_5.2 虚拟机使用的是 Linux 系统，此处无法调整，单击"Next"按钮。

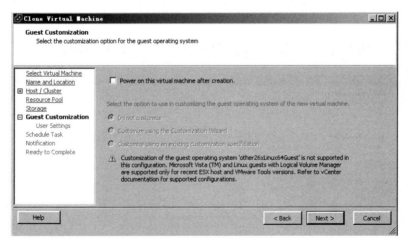

图 13-19　创建计划任务之十

第 11 步，输入计划任务的名称以及执行周期时间等，如图 13-20 所示，由于是测试，此处选择立即执行，单击"Next"按钮。

第 12 步，设置是否发送邮件告诉管理人员，如图 13-21 所示，可根据实际情况进行设置，单击"Next"按钮。

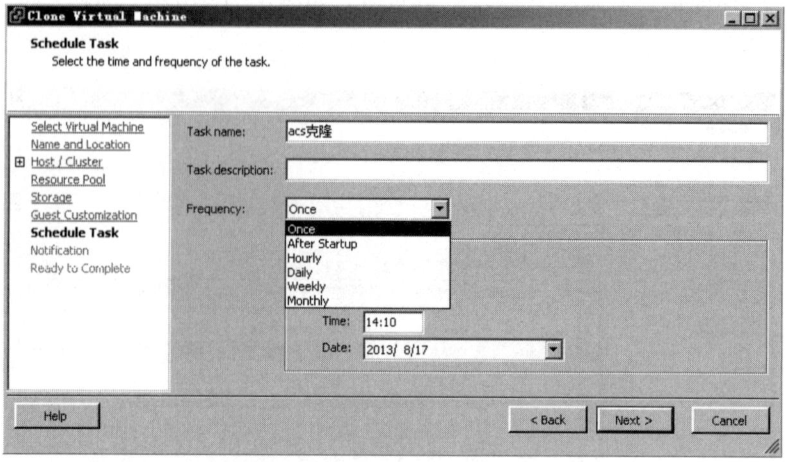

图 13-20　创建计划任务之十一

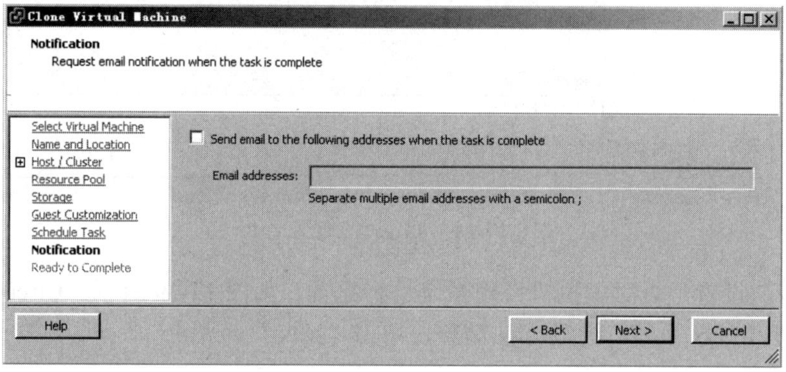

图 13-21　创建计划任务之十二

第 13 步，完成准备操作，如图 13-22 所示，单击 "Finish" 按钮。

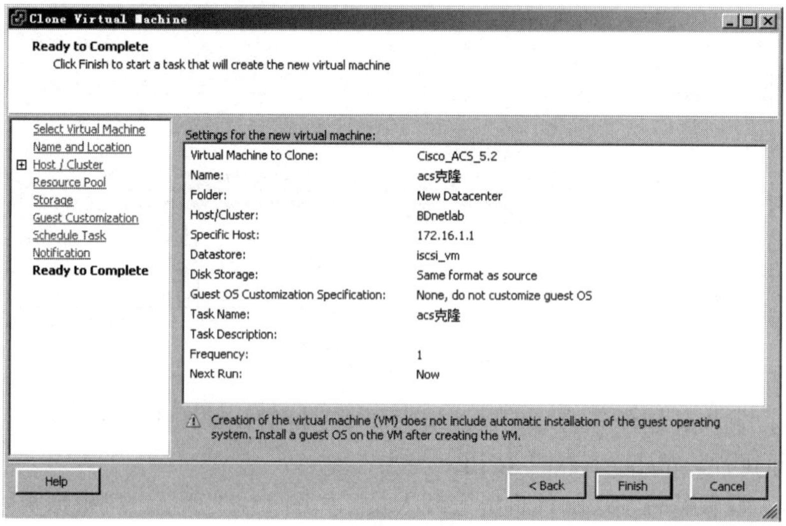

图 13-22　创建计划任务之十三

第 14 步，克隆操作开始执行，如图 13-23 所示。

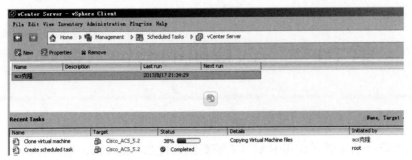

图 13-23　创建计划任务之十四

13.4　本章小结

当 vSphere 虚拟化架构搭建好后，日常工作重点将会转向性能监控。通过对 ESXi 主机性能的监控，能够及时发现问题，解决问题。计划任务可以灵活地对日常管理工作进行归纳设计，让系统自动运行。当然，如果成本允许，推荐部署 vCenter Operation Management Suite 工具，这是 VMware 基于云计算的组成部分之一，能够将管理人员从手动操作中解放出来，可以提供性能管理、根源分析、IT 服务成本分摊、报告分析等功能，但是需要单独付费购买。

第 14 章　虚拟机的备份与恢复

前面的章节介绍了通过使用 HA、FT 等高级特性来保障 ESXi 主机的高可用性，然而，如果虚拟机出现问题，发生系统崩溃或数据丢失的情况，HA 和 FT 是无法解决的。所以，对虚拟机进行日常备份是相当关键的任务。本章将介绍 vSphere 虚拟化架构新一代备份工具 VMware Data Recovery（简称 VDR）以及第三方备份工具 Trilead VM Explorer。

本章要点

- 使用 VDR 备份恢复虚拟机
- 使用 Trilead VM Explorer 备份恢复虚拟机

14.1　使用 VDR 备份恢复虚拟机

vSphere 虚拟化架构中，虚拟机备份一直是重要的问题。在 4.X 以前的版本中，虚拟机的备份工具是通过 VMware Consolidated Backup（简称 VCB）进行的，由于 VCB 的技术不成熟，需要使用大量命令来完成备份工作，增加了管理人员的备份难度。vSphere 5.0 版本使用新的 VDR 取代了 VCB，并且提供了完全备份、增加备份等功能。

14.1.1　VDR 备份恢复原理

VDR 是以 OVF 模式部署的一个虚拟机，其内核使用的是 CentOS。VDR 通过 vCenter Server 部署后就是一台具有完整功能的备份虚拟机，它提供的功能就是备份和恢复。

1. VDR 备份过程

当对虚拟机创建备份任务并开始执行后，VDR 会对虚拟机执行快照操作，快照执行完成后，将快照通过网络传输到 VDR 设定的备份文件夹进行保存。传输完成后，VDR 会将之前创建的快照删除。

2. VDR 恢复过程

当对虚拟机执行恢复的时候，如果有多个备份，可以选择恢复的时间点，VDR 自动将备份恢复到 ESXi 主机上。如果恢复到现有的虚拟机上，VDR 只会恢复修改过的数据。

14.1.2　安装介质的准备

部署 VDR 需要 2 个介质。

1. vCenter Server 安装插件

vCenter Server 默认情况下不提供 VDR 工具，需要以插件的方式安装到 vCenter Server

中，可通过 VMware 官方网站进行下载。

2．VDR OVF 模板

VDR 实质上是一台安装好 CenOS 系统以及备份工具的的虚拟机，是通过 OVF 模板进行发布的，可以访问 VMware 官方网站进行下载。

14.1.3　安装 VDR

本节的实战操作中，我们将在 vCenter Server 上安装 VDR 插件，以及通过 OVF 模板部署 VDR 虚拟机。

第 1 步，安装 vCenter Server 插件，如图 14-1 所示，使用默认安装完成。

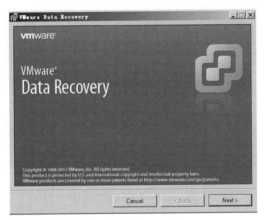

图 14-1　部署 VDR 之一

第 2 步，安装完成后，重新登录 VMware vSphere Client，通过图 14-2 可以看到，"Home" 中的 "Solutions and Applications" 下新增了 "VMware Data Recovery"。

图 14-2　部署 VDR 之二

第 3 步，单击"File"菜单，选择"Deploy OVF Template"，如图 14-3 所示。

图 14-3　部署 VDR 之三

第 4 步，输入 OVF 模板的位置，如图 14-4 所示，单击"Next"按钮。

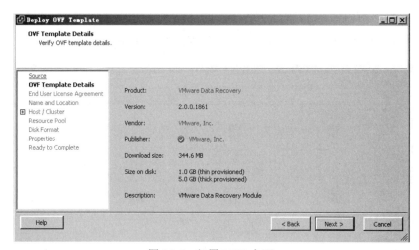

图 14-4　部署 VDR 之四

第 5 步，确认 OVF 模板配置信息，如图 14-5 所示，单击"Next"按钮。

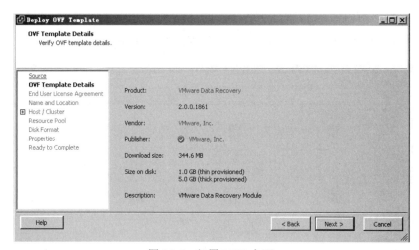

图 14-5　部署 VDR 之五

第 6 步，出现"用户最终协议"窗口，如图 14-6 所示。单击"Accept"接受，再单击"Next"按钮。

第 7 步，输入通过 OVF 模板创建的虚拟机名称，默认为"VMware　Data Recovery"，选择数据中心位置，如图 14-7 所示，单击"Next"按钮。

第 8 步，选择存放的集群，如图 14-8 所示，单击"Next"按钮。

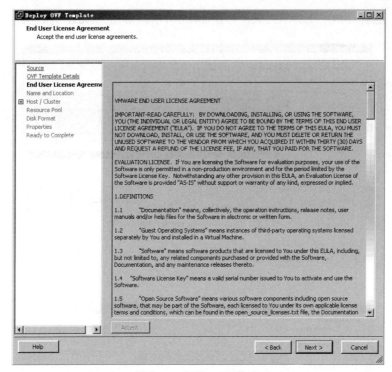

图 14-6　部署 VDR 之六

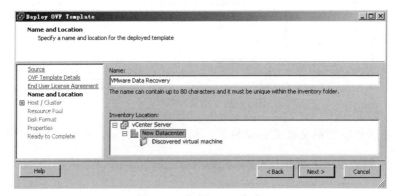

图 14-7　部署 VDR 之七

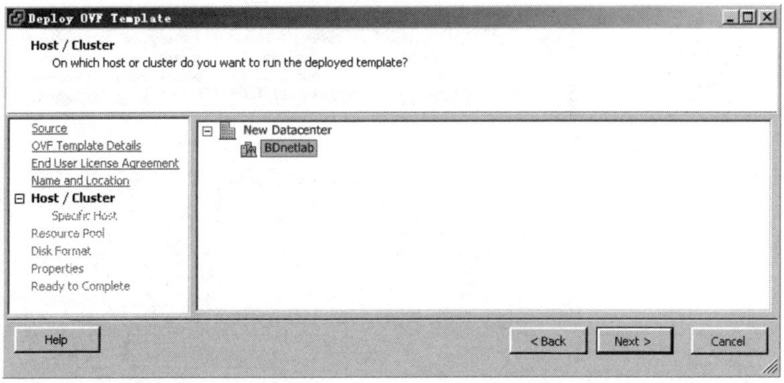

图 14-8　部署 VDR 之八

第 9 步，选择存放的 ESXi 主机，如图 14-9 所示，单击 "Next" 按钮。

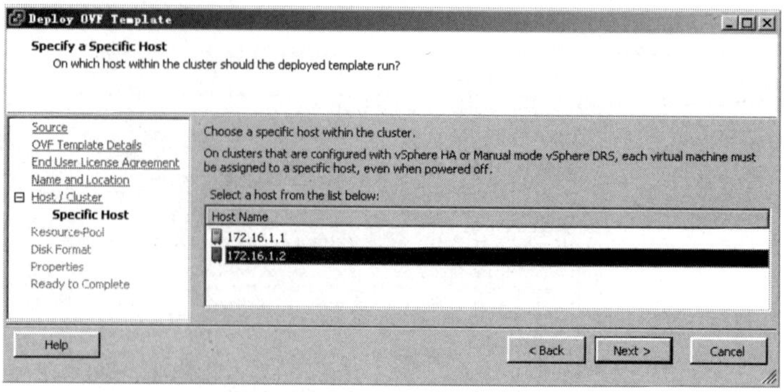

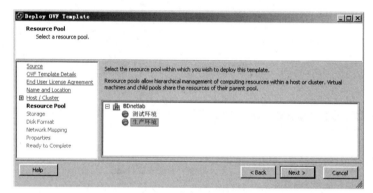

图 14-9　部署 VDR 之九

第 10 步，如果配置有 DRS，会出现选择 DRS 资源池的位置，如图 14-10 所示，单击 "Next" 按钮。

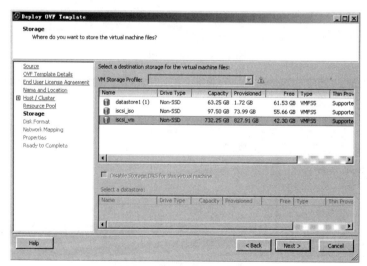

图 14-10　部署 VDR 之十

第 11 步，选择虚拟机文件的存储位置，如图 14-11 所示，单击 "Next" 按钮。

图 14-11　部署 VDR 之十一

第 12 步，设置虚拟硬盘的格式，如图 14-12 所示，选择精简盘模式，单击"Next"按钮。

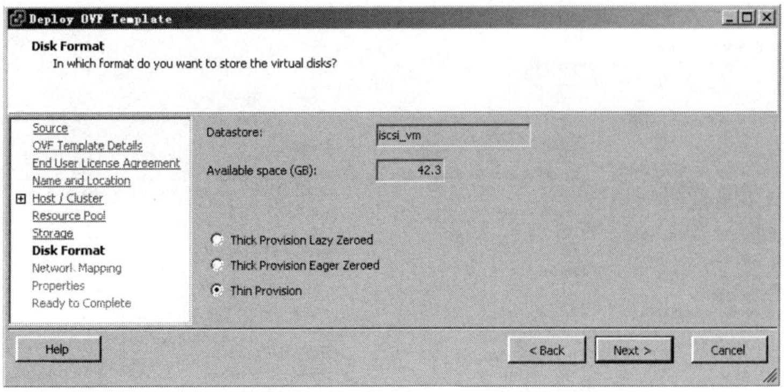

图 14-12　部署 VDR 之十二

第 13 步，设置虚拟机网络，如图 14-13 所示，单击"Next"按钮。

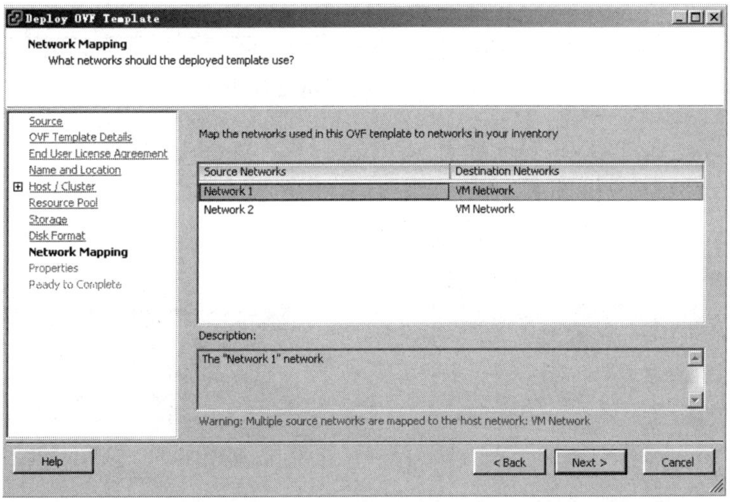

图 14-13　部署 VDR 之十三

第 14 步，设置虚拟机时区，选择"亚洲/重庆"，如图 14-14 所示，单击"Next"按钮。

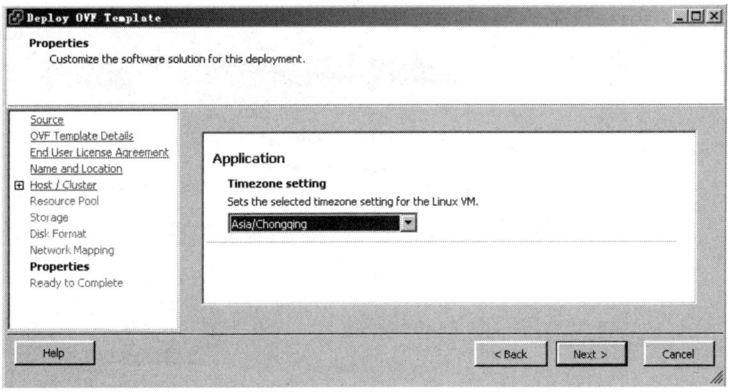

图 14-14　部署 VDR 之十四

第 15 步，完成准备操作，如图 14-15 所示，单击"Finish"按钮。

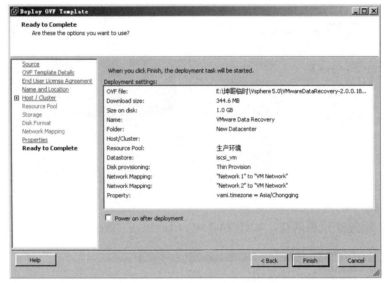

图 14-15 部署 VDR 之十五

第 16 步，开始通过 OVF 模板部署 VDR 虚拟机，如图 14-16 所示。

第 17 步，VDR 虚拟机部署安装，如图 14-17 所示，单击"Close"按钮。

图 14-16 部署 VDR 之十六

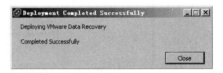

图 14-17 部署 VDR 之十七

第 18 步，打开 VDR 虚拟机电源，如图 14-18 所示。

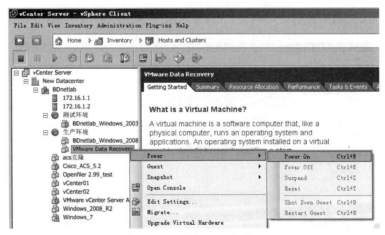

图 14-18 部署 VDR 之十八

第 19 步，通过"Open Console"打开虚拟机控制窗口，如图 14-19 所示。VDR 虚拟机没有配置网络，无法进行管理，选择"Configure Network"，按【Enter】键继续。

图 14-19　部署 VDR 之十九

第 20 步，系统提示是否设置 IPv6 地址，如图 14-20 所示，实战环境不配置 IPv6，输入"n"，按【Enter】键继续。

图 14-20　部署 VDR 之二十

第 21 步，系统提示是否通过 DHCP 服务器配置 IPv4 地址，如图 14-21 所示，通过手动配置，输入"n"，按【Enter】键继续。

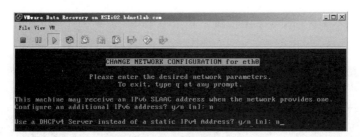

图 14-21　部署 VDR 之二十一

第 22 步，输入 IP 地址"172.16.1.155"，如图 14-22 所示，按【Enter】键继续。

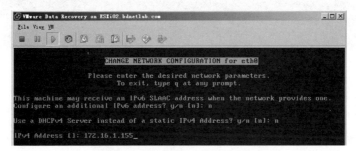

图 14-22　部署 VDR 之二十二

第 23 步，输入子网掩码 "255.255.255.0"，如图 14-23 所示，按【Enter】键继续。

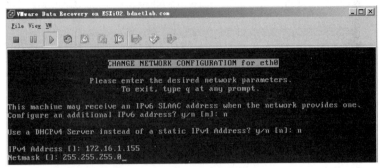

图 14-23　部署 VDR 之二十三

第 24 步，输入网关 "172.16.1.254"，如图 14-24 所示，按【Enter】键继续。

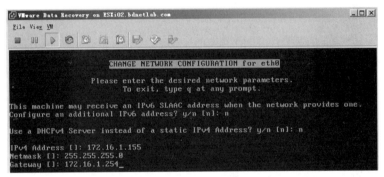

图 14-24　部署 VDR 之二十四

第 25 步，输入 DNS 服务器 1 地址 "172.16.1.253"，如图 14-25 所示，按【Enter】键继续。

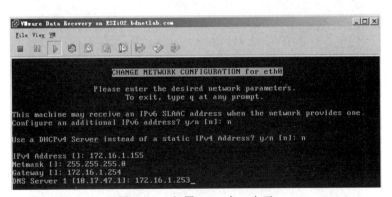

图 14-25　部署 VDR 之二十五

第 26 步，输入 DNS 服务器 2 地址，如图 14-26 所示。实战环境没有第 2 台 DNS 服务器，直接按【Enter】键继续。

第 27 步，输入 VDR 虚拟机的名称，如图 14-27 所示，输入 "vdr"，按【Enter】键继续。

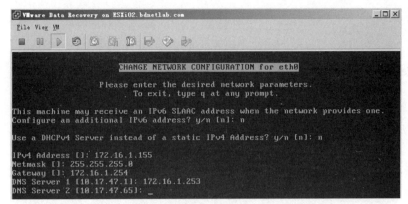

图 14-26　部署 VDR 之二十六

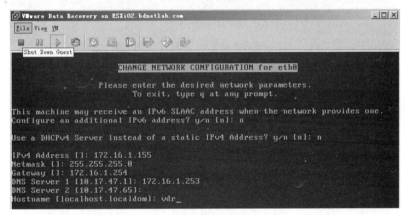

图 14-27　部署 VDR 之二十七

第 28 步，系统提示是否需要设置代理服务器访问 Internet，如图 14-28 所示，输入 "n"，按【Enter】键继续。

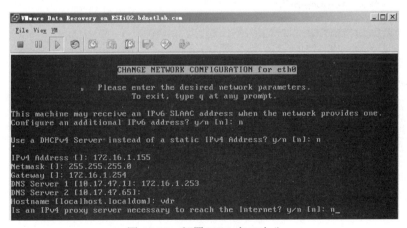

图 14-28　部署 VDR 之二十八

第 29 步，确认刚才的设置是否正确，如图 14-29 所示，输入 "y"，按【Enter】键继续。

第 30 步，通过图 14-30 可以看到，VDR 虚拟机已经配置好网络。

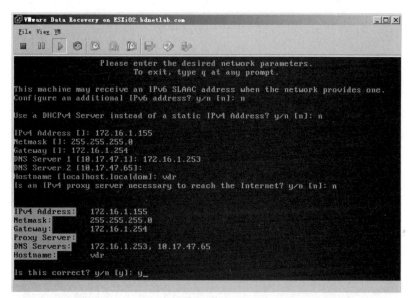

图 14-29　部署 VDR 之二十九

图 14-30　部署 VDR 之三十

第 31 步，使用浏览器访问 https://172.16.1.155:5480，如图 14-31 所示，默认用户名为 "root"，默认口令为 "vmw@re"。

图 14-31　部署 VDR 之三十一

第 32 步，成功登录 VDR 虚拟机 Web 管理界面，如图 14-32 所示。

第 33 步，选择 "Network" → "Address" 可对管理地址进行修改，如图 14-33 所示。如果修改，单击 "Save Settings" 保存。

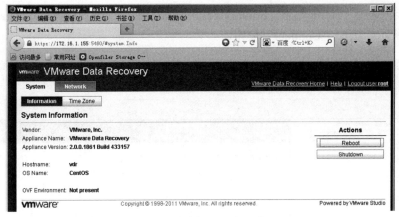

图 14-32 部署 VDR 之三十二

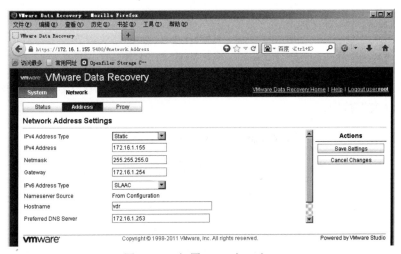

图 14-33 部署 VDR 之三十三

第 34 步，选择"Home"→"Inventory"→"Hosts and Cluters"，选择 VDR 虚拟机的"Summary"，可以看到 VDR 虚拟机的配置详细信息，如图 14-34 所示。

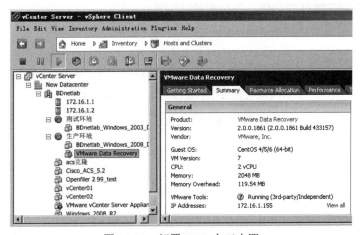

图 14-34 部署 VDR 之三十四

第 35 步，选择"Home"→"Solutions and Applications"→"VMware Data Recovery"，如图 14-35 所示，单击"Connect"按钮。

图 14-35　部署 VDR 之三十五

第 36 步，系统提示输入运行 VDR 虚拟机 vCenter Server 的用户名以及密码，如图 14-36 所示，单击"OK"按钮。

图 14-36　部署 VDR 之三十六

第 37 步，校验 vCenter Server 的用户名以及密码，如图 14-37 所示，输入后单击"OK"按钮。

图 14-37　部署 VDR 之三十七

第 38 步，系统建议备份的空间应该大于 500G，如图 14-38 所示。这个条件不是必须，单击"Continue"按钮。

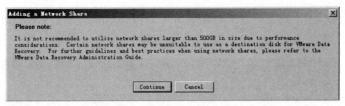

图 14-38　部署 VDR 之三十八

第 39 步，指定备份存储的位置，我们在 172.16.1.100 的 Windows_7 客户端上创建了一个名为"VDR_Backup"的共享文件夹。单击"Add Network Share"添加网络存储，如图 14-39 所示，输入网络存储的 URL、用户名以及口令，单击"Add"按钮。

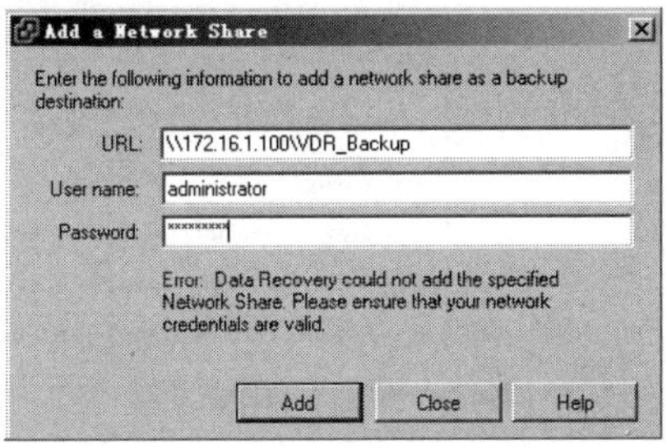

图 14-39　部署 VDR 之三十九

第 40 步，备份存储已经添加成功，如图 14-40 所示，有 423GB 的可用空间。

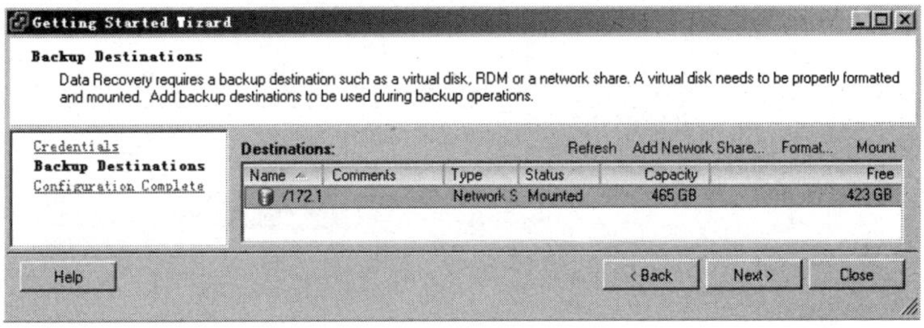

图 14-40　部署 VDR 之四十

第 41 步，完成准备操作，如图 14-41 所示，不勾选"创建一个新的备份计划"，单击"Close"按钮。

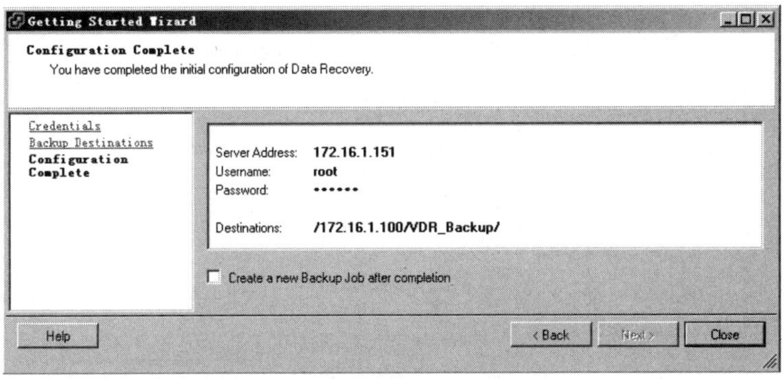

图 14-41　部署 VDR 之四十一

第 42 步，选择"Home"→"Solutions and Applications"→"VMware Data Recovery"，如图 14-42 所示，单击"Create a backup job"，创建一个新的备份工作。

图 14-42 部署 VDR 之四十二

第 43 步，输入备份工作的名称，如图 14-43 所示，输入"备份 BDnetlab_Windows_2003_DC"，单击"Next"按钮。

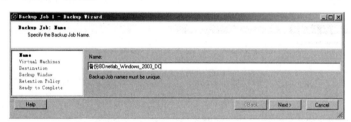

图 14-43 部署 VDR 之四十三

第 44 步，选择需要备份的虚拟机，如图 14-44 所示，勾选"BDnetlab_Window_2003_DC"，单击"Next"按钮。

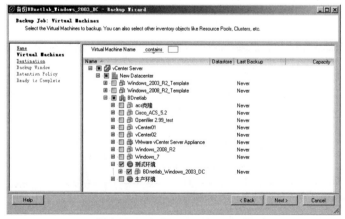

图 14-44 部署 VDR 之四十四

第 45 步，选择备份存储的位置，如图 14-45 所示，单击"Next"按钮。

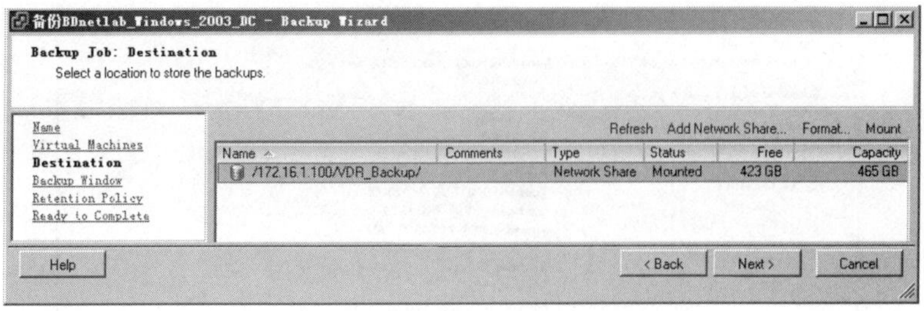

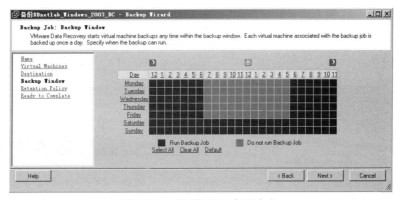

图 14-45 部署 VDR 之四十五

第 46 步，选择备份虚拟机的时间，默认情况下，VDR 不建议在工作时间进行备份，如图 14-46 所示，单击"Next"按钮。

图 14-46 部署 VDR 之四十六

第 47 步，设置备份的策略，如图 14-47 所示。"Retention Policy"定义备份的时间点，可以选择多个，但需要很大的存储空间，一般选择"More"即可；"Number of recent backups to retain"中，系统默认的备份保留时间点为 7；"Older backups to retain"保留备份的时间点，可以设置为 8 个星期、6 个月、4 个季度或 1 年等。单击"Next"按钮。

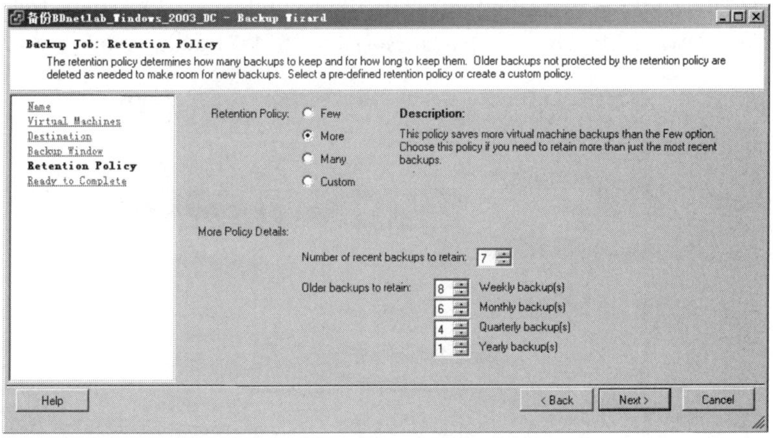

图 14-47 部署 VDR 之四十七

第 48 步，完成准备操作，如图 14-48 所示，单击"Finish"按钮。

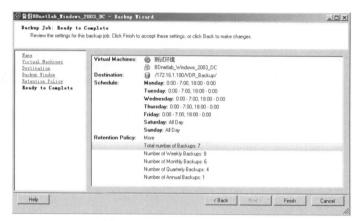

图 14-48　部署 VDR 之四十八

第 49 步，选择"Home"→"Solutions and Applications"→"VMware Data Recovery"视图，如图 14-49 所示，名为"备份 BDnetlab_Windows_2003_DC"的备份计划工作已经创建。

图 14-49　部署 VDR 之四十九

14.1.4　使用 VDR 备份虚拟机

在 14.1.3 小节中，我们创建了备份计划工作。本节的实战操作是对 BDnetlab_Windows_2003_DC 虚拟机执行备份。

第 1 步，选择"Home"→"Solutions and Applications"→"VMware Data Recovery"，在"BDnetlab_Windows_2003_DC"上单击鼠标右键，选择"Backup Now"，如图 14-50 所示。

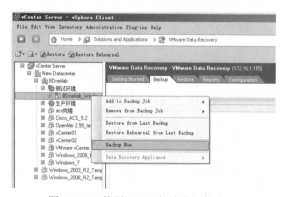

图 14-50　使用 VDR 备份虚拟机之一

第 2 步，VDR 开始执行备份操作，如图 14-51 所示，其时间取决于 ESXi 主机性能以及备份存储的性能。

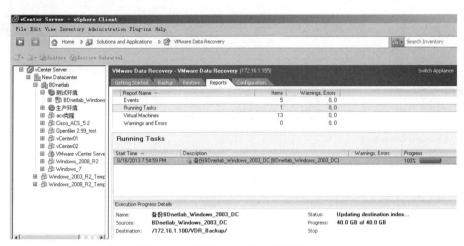

图 14-51　使用 VDR 备份虚拟机之二

14.1.5　使用 VDR 恢复虚拟机

在 14.1.4 小节我们创建了 BDnetlab_Windows_2003_DC 虚拟机的备份。本节实战操作将对虚拟机进行操作后执行恢复。

第 1 步，打开 BDnetlab_Windows_2003_DC 虚拟机控制窗口，在桌面上新建文件夹"何坤源 VDR 备份恢复测试"，如图 14-52 所示。

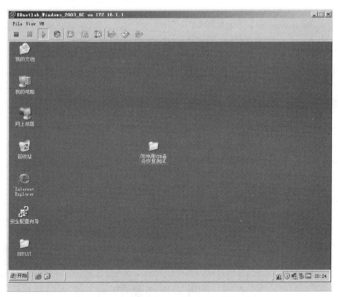

图 14-52　使用 VDR 恢复虚拟机之一

第 2 步，选择"Home"→"Solutions and Applications"→"VMware Data Recovery"→"Restore"，如图 14-53 所示，执行虚拟机恢复操作。

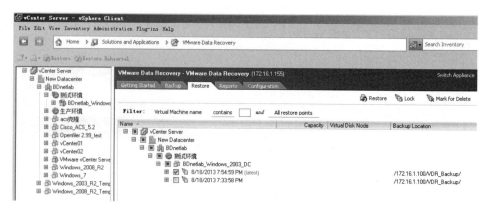

图 14-53　使用 VDR 恢复虚拟机之二

第 3 步，进入向导模式，选择恢复虚拟机的时间点，如图 14-54 所示，勾选 "8/18/2013 7:54:59 PM（latest）"，单击 "Next" 按钮。

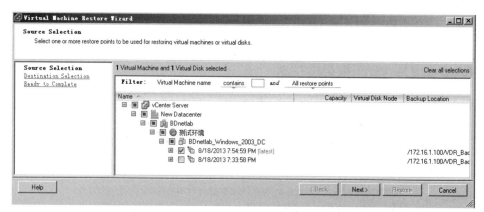

图 14-54　使用 VDR 恢复虚拟机之三

第 4 步，确认目标虚拟机，如图 14-55 所示，单击 "Next" 按钮。

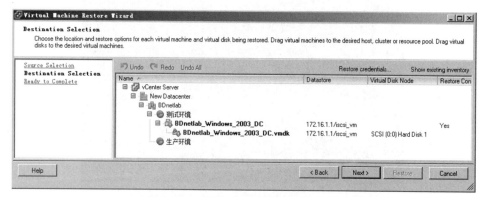

图 14-55　使用 VDR 恢复虚拟机之四

第 5 步，完成准备操作，如图 14-56 所示，单击 "Restore" 按钮。

第 6 步，VDR 开始执行恢复操作，如图 14-57 所示，其时间取决于 ESXi 主机性能以及备份存储的性能。

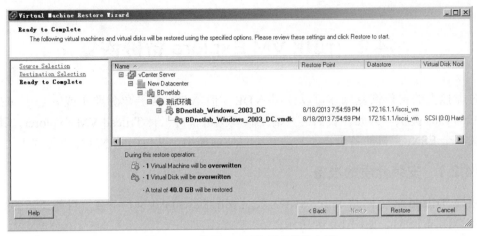

图 14-56　使用 VDR 恢复虚拟机之五

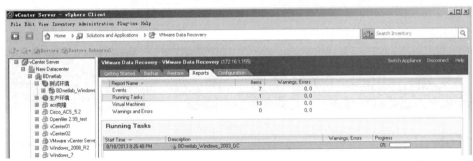

图 14-57　使用 VDR 恢复虚拟机之六

第 7 步，打开 BDnetlab_Windows_2003_DC 虚拟机控制窗口，从图 14-58 可以看到，刚才创建的文件夹"何坤源 VDR 备份恢复测试"已经不存在，说明已恢复到创建前的状态。

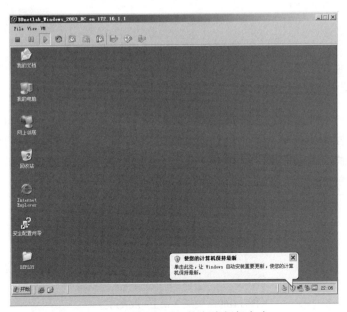

图 14-58　使用 VDR 恢复虚拟机之七

14.2　使用 VM Explore 备份恢复

对虚拟机的备份恢复操作可以使用 VDR，但 VDR 需要单独购买或者是由 vSphere Essentials Plus 提供。为此，我们再介绍一款虚拟机备份工具 Trilead VM Explorer，其免费版提供 5 个 ESXi 主机的备份，非常适合小型环境使用；其付费版本功能更加强大。

14.2.1　安装介质的准备

通过 Trilead 官方网站 http://www.trilead.com/Download/进行下载，目前最新的版本是 TrileadVMX-4.1.031，如图 14-59 所示。

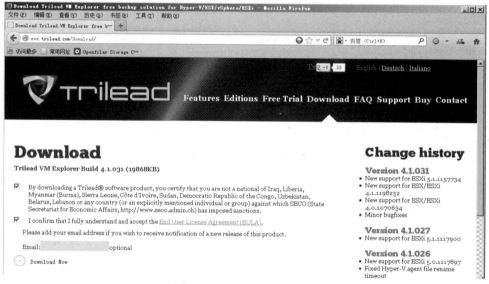

图 14-59　Trilead 官方网站

14.2.2　安装 VM Explorer

VM Explorer 不用安装在虚拟机上，可在安装 VMware vSphere Client 客户端的控制台上安装，安装过程相当简单，使用默认安装即可。

第 1 步，运行"TrileadVMX-4.1.031"安装程序，如果客户端没有安装.Net Framework 4.0，将会出现不能安装的提示，如图 14-60 所示，请读者自行下载安装。

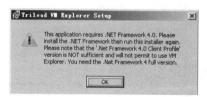

图 14-60　安装 VM Explorer 之一

第 2 步，安装.Net Framework 4.0 后重新运行安装程序，使用默认安装即可完成。

第 3 步，运行 Trilead VM Explorer (VMX)，系统提示目前使用的是免费版本，如图 14-61 所示，单击"OK"按钮。

图 14-61　安装 VM Explorer 之二

第 4 步，系统提示是否加入"客户体验改善计划"，如图 14-62 所示，单击"No thanks"按钮。

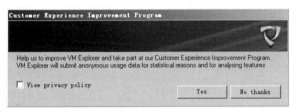

图 14-62　安装 VM Explorer 之三

第 5 步，进入 VM Explorer 主界面，如图 14-63 所示，点击"Add a new Server"添加新的主机。

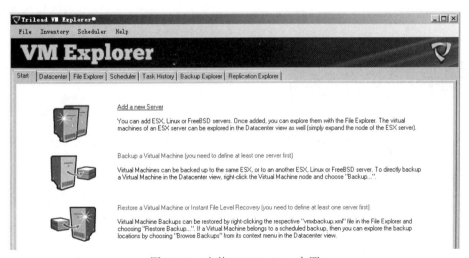

图 14-63　安装 VM Explorer 之四

第 6 步，在"Add Server"窗口输入相关信息，如图 14-64 所示。VM Explorer 不但支持 ESXi 主机上的虚拟机备份，也支持其他类似 Linux Server、Hyper-V Server 等虚拟机的备份。此时"Add"按钮为灰色,单击"Test Connection"按钮。

第 7 步,对 ESXi01(172.16.1.1)主机进行验证,如图 14-65 所示。

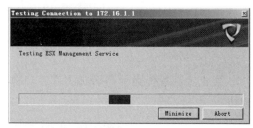

图 14-64 安装 VM Explorer 之五   图 14-65 安装 VM Explorer 之六

第 8 步,对 ESXi01(172.16.1.1)主机验证成功,系统提示是否在 ESXi 主机上开启 SSH,如图 14-66 所示,单击"OK"按钮。

第 9 步,回到"Add Server"窗口,此时"Add"按钮已经变为可使用状态,如图 14-67 所示,单击"Add"按钮。

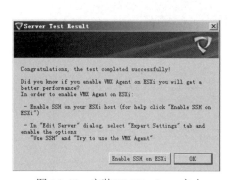

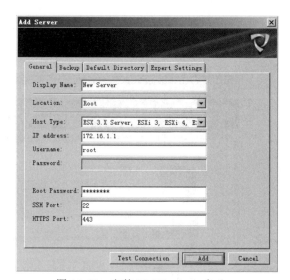

图 14-66 安装 VM Explorer 之七   图 14-67 安装 VM Explorer 之八

第 10 步,以同样的方式将 ESXi02(172.16.1.2)主机添加进去,通过图 14-68 可以看到,2 台 ESXi 主机均已添加到 VM Explorer,同时也可以看到上面运行的虚拟机情况。

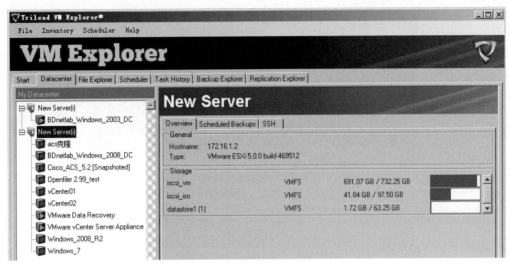

图 14-68　安装 VM Explorer 之九

14.2.3　使用 VM Explorer 备份虚拟机

本节实战操作将备份 ESXi02（172.16.1.2）主机上的 Windows_7 虚拟机。

第 1 步，回到 VM Explorer 主界面，如图 14-69 所示，单击 "Backup a Virtual Machine" 备份一台虚拟机。

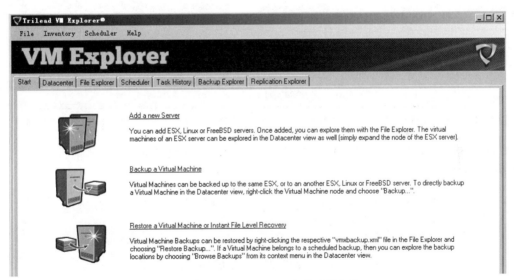

图 14-69　使用 VM Explorer 备份虚拟机之一

第 2 步，打开 "Virtual Machine Backup" 窗口，如图 14-70 所示，选择需要备份的虚拟机 Windows_7，再选择备份存放的位置，单击 "OK" 按钮。

第 3 步，开始进行备份操作，如图 14-71 所示，由于测试环境的传输有限，备份的时间可能会比较长。

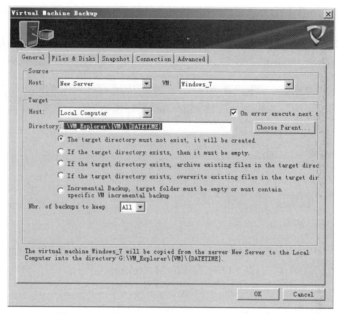

图 14-70　使用 VM Explorer 备份虚拟机之二

第 4 步，备份成功完成，如图 14-72 所示，单击"Close"按钮。

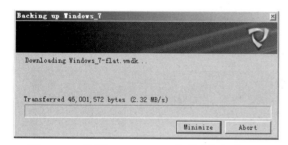

图 14-71　使用 VM Explorer 备份虚拟机之三

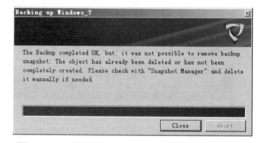

图 14-72　使用 VM Explorer 备份虚拟机之四

第 5 步，打开备份文件夹，通过图 14-73 可以看到，VM Explorer 以当前日期为文件夹名备份了 Windows_7 虚拟机。

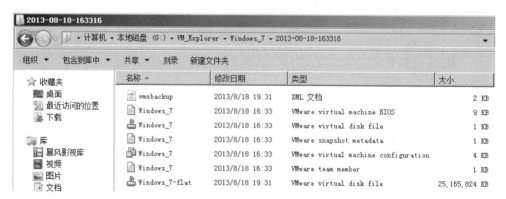

图 14-73　使用 VM Explorer 备份虚拟机之五

14.2.4　使用 VM Explorer 恢复虚拟机

在 14.2.3 小节我们创建了 Windows_7 虚拟机的备份。本节实战操作将对虚拟机进行操作后执行恢复。

第 1 步，打开 Windows_7 虚拟机控制窗口，在桌面上新建文件夹"何坤源 VM Explorer 备份恢复测试"，如图 14-74 所示。

图 14-74　使用 VM Explorer 恢复虚拟机之一

第 2 步，回到 VM Explorer 主界面，选择 "Restore a Virtual Machine or Instant File Level Recovery"（使用文件级别恢复虚拟机），如图 14-75 所示。

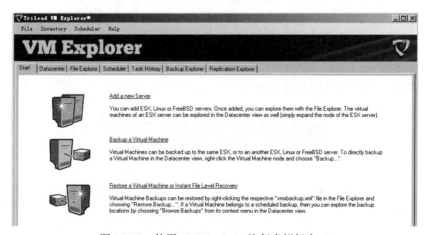

图 14-75　使用 VM Explorer 恢复虚拟机之二

第 3 步，单击"File Explore"菜单，找到备份文件夹，如图 14-76 所示，在"vmxbackup.xml"上单击鼠标右键，选择"Restore Backup..."。

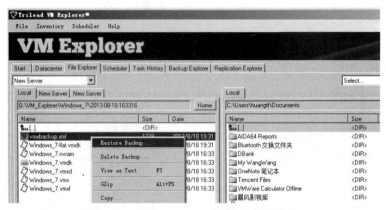

图 14-76　使用 VM Explorer 恢复虚拟机之三

第 4 步，打开虚拟机恢复窗口，选择恢复的 ESXi 主机以及存储的位置，如图 14-77 所示。此时我们选择 ESXi 主机本地硬盘而非共享存储，同时还需要设置恢复后的文件夹名称，使用默认值，单击"OK"按钮。

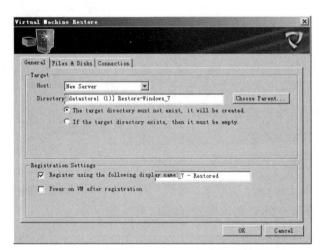

图 14-77　使用 VM Explorer 恢复虚拟机之四

第 5 步，VM Explorer 开始执行恢复操作，如图 14-78 所示，其时间取决于安装的 VM Explorer 客户机性能以及备份存储的性能。

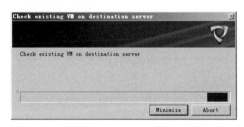

图 14-78　使用 VM Explorer 恢复虚拟机之五

第 6 步，恢复完成，如图 14-79 所示，单击 "Close" 按钮。

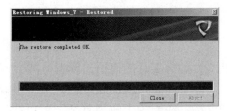

图 14-79　使用 VM Explorer 恢复虚拟机之六

第 7 步，通过图 14-80 可以看到，ESXi02（172.16.1.2）主机上多了一个 Windows_7 - Restored 虚拟机。

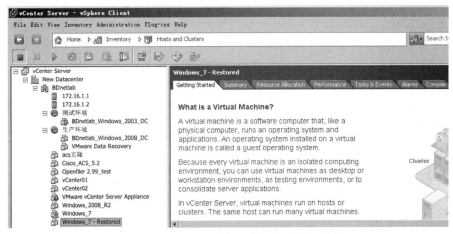

图 14-80　使用 VM Explorer 恢复虚拟机之七

第 8 步，打开 Windows 7 虚拟机控制窗口，从图 14-81 可以看到，刚才创建的文件夹 "何坤源 VM Explorer 备份恢复测试" 已经不存在，说明已恢复到创建前的状态。

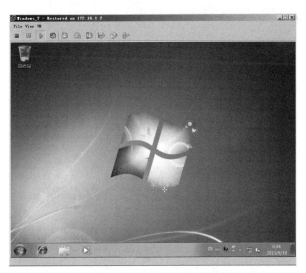

图 14-81　使用 VM Explorer 恢复虚拟机之八

14.3　本章小结

本章详细介绍了虚拟机两大备份工具的使用，读者可能会问，为什么不介绍 Symantec Bacup Exec 2010 呢？不可否认，Symantec Bacup Exec 2010 的功能相当强大，但它不是免费软件，而且需要操作系统支持，在配置上较为复杂，所以在第三方备份工具中只介绍了 VM Explorer。在生产环境中对虚拟机进行备份操作时，需要注意以下几个问题。

* 备份计划的设定

管理人员应该对生产环境中的虚拟机进行整体的备份计划设定，例如备份频率、备份保留的周期等。

* 备份时间的设定

备份计划设定好后，需要对备份时间进行设定，VDR 默认将工作时间排除在外，管理人员在备份时间的设定上一定要避开日常使用高峰和备份存储使用高峰。

* 虚拟机快照的删除

VDR 和 VM Explorer 备份的原理都是基于虚拟机快照的，在进行虚拟机备份操作前，建议将虚拟机原有的快照删除。

* 使用虚拟机快照作为日常备份

很多管理人员习惯将虚拟机快照作为日常备份工具，这种方案是不可取的。虚拟机快照一般用于对虚拟机进行重大调整，如果调整出现问题可以快速恢复到调整前的状态。虽然很多高级特性也依赖于快照，但将快照作为日常备份会占用大量存储空间，并且，过多的快照可能会导致无法删除，甚至影响虚拟机的运行等。

第15章 物理机到虚拟机的转换

大多数企业已经按传统方式进行了 IT 基础建设，如果要实施 vSphere 虚拟化改造，那么重点之一就是如何将现有的物理服务器转换为虚拟机。vSphere 提供了功能强大的物理机到虚拟机的转换工具 VMware vCenter Converter Standalone。本章将介绍如何将物理机转换成虚拟机。

本章要点
- 物理服务器转换为虚拟机的常见问题
- 使用 VMware vConverter 转换物理服务器

15.1 物理服务器转换为虚拟机的常见问题

vSphere 虚拟化架构充分考虑了物理服务器转换为虚拟机可能出现的多种情况。为此，VMware 提供了专业的转换工具 VMware vCenter Converter Standaloner，它可以帮助用户将物理服务器转换为虚拟机。生产环境所使用的物理服务器的硬件、操作系统、软件等种类繁多，VMware vCenter Converter Standalone 只能解决大部分问题，不可能将这些因素全部考虑进去，也就是说部分物理服务器无法转换为虚拟机。下面了解一下转换过程中常见的问题。

15.1.1 操作系统常见问题

VMware vCenter Converter Standalone 支持 Windows 和 Linux 操作系统，但在实际使用过程中，它对 Windows 操作系统的物理服务器的转换效果最好，且支持在线的转换方式。只有特定版本的 Linux，如 RedHat Linux、SUSE Linux 以及 Ubuntu Linux 才支持在线转换，且不支持在转换过程中使用客户自定义。

企业生产环境一般都会购买品牌服务器，而品牌服务器又捆绑了 Windows 系统的授权（OEM 授权模式），从物理服务器转换到虚拟机后，重新运行时由于硬件设备发生了改变，Windows 系统可能会要求重新激活。

VMware vCenter Converter Standalone 对使用 Windows Server 2000、Windows Server 2003 以及 Windows Server 2008 操作系统的物理服务器的转换基本上不存在问题，但对 Windows NT 及以前的系统的转换支持有限，可能存在转换不成功或转换后不能正常运行的情况。

15.1.2　USB 设备常见问题

企业物理服务器提供的一些应用服务可能需要 USB 设备的支持，比如 USB 加密狗等。对使用 USB 设备的物理服务器进行转换时，建议将 USB 设备先拔除，等转换完成后再使用。vSphere 5.0 版本加强了对 USB 设备的支持。

15.1.3　外部存储设备常见问题

生产环境中因为对数据安全性的要求，部分物理服务器本身只运行操作系统，而重要的数据放置在外部存储上，这类物理服务器在迁移过程中一定要注意存储的重新映射问题。

15.1.4　应用程序常见问题

生产环境中可能使用比较老的应用程序，而运行此应用程序的物理服务器转换成虚拟机后可能存在无法运行的情况。对于这种情况，管理人员应事先做好相应的评估工作，如果转换后不能运行，建议不对此类物理服务器进行转换。

15.2　使用 VMware Converter Standalone 转换物理机

15.2.1　安装介质的准备

VMware vCenter Converter Standalone 是基于 Windows 系统的应用程序，读者可以通过 VMware 官方网站进行下载。目前官方最新的版本是 VMware vCenter Converter Standalone 5.0.1。

15.2.2　安装 Converter Standalone

本节实战操作是在控制平台 IBM T430 笔记本电脑上安装 VMware vCenter Converter Standalone。

第 1 步，运行安装程序，选择安装语言，如图 15-1 所示，单击"确定"按钮。

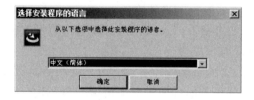

图 15-1　安装 Converter Standalone 之一

第 2 步，启动安装向导，如图 15-2 所示，单击"下一步（N）"按钮。

第 3 步，出现"最终用户专利协议"提示，如图 15-3 所示，单击"下一步（N）"按钮。

第 4 步，选择"我同意许可协议中的条款"，如图 15-4 所示，单击"下一步（N）"按钮。

图 15-2　安装 Converter Standalone 之二

图 15-3　安装 Converter Standalone 之三

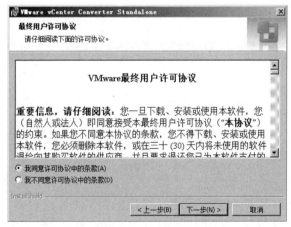

图 15-4　安装 Converter Standalone 之四

第 5 步，确定安装文件夹，如图 15-5 所示，单击"下一步（N）"按钮。

第 6 步，选择安装类型，如图 15-6 所示，此处选择"本地安装"，单击"下一步（N）"按钮。

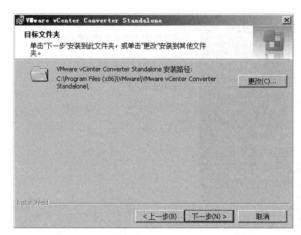

图 15-5 安装 Converter Standalone 之五

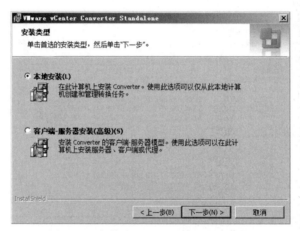

图 15-6 安装 Converter Standalone 之六

第 7 步，准备安装，如图 15-7 所示，单击"安装（I）"按钮。

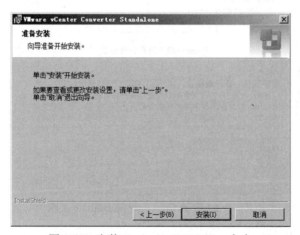

图 15-7 安装 Converter Standalone 之七

第 8 步，完成安装，勾选"立即运行 Client"，如图 15-8 所示，单击"完成（F）"按钮。

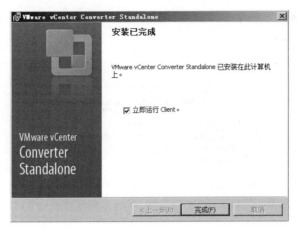

图 15-8　安装 Converter Standalone 之八

第 9 步，启动 VMware vCenter Converter Standalone，如图 15-9 所示。

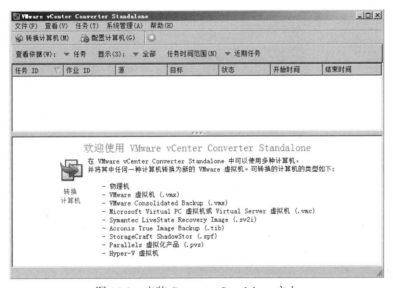

图 15-9　安装 Converter Standalone 之九

15.2.3　使用 Converter Standalone 转换物理机

本节实战操作是将 IBM T430 笔记本电脑转换为虚拟机，放置在 ESXi02（172.16.1.2）主机上。

第 1 步，运行 Converter Standalone，单击"转换计算机（M）"，如图 15-10 所示，进入转换窗口。选择源类型有多个选项，本节转换正在使用的 IBM T430 笔记本电脑，所以选择"已打开电源的计算机"，单击"下一步（N）"按钮。

第 2 步，选择目标类型，将转换后的虚拟机放置在 ESXi 主机上，选择"VMware Infrastructure 虚拟机"，输入 ESXi02（172.16.1.2）主机的用户名以及密码，如图 15-11 所示，单击"下一步（N）"按钮。

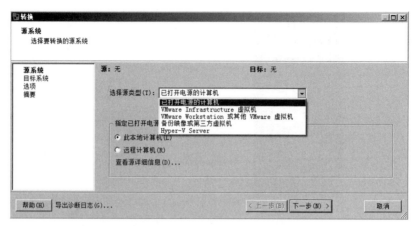

图 15-10　使用 Converter Standalone 转换物理机之一

图 15-11　使用 Converter Standalone 转换物理机之二

第 3 步，输入转换后虚拟机的名称，输入 "P2V-IBMT430"，如图 15-12 所示，单击 "下一步（N）" 按钮。

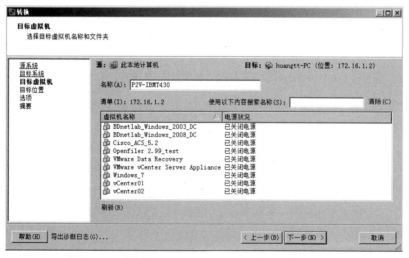

图 15-12　使用 Converter Standalone 转换物理机之三

第 4 步，选择虚拟机存放的位置以及硬件版本，选择 iscsi_vm 存储，虚拟机硬件版本 8，如图 15-13 所示，单击"下一步（N）"按钮。

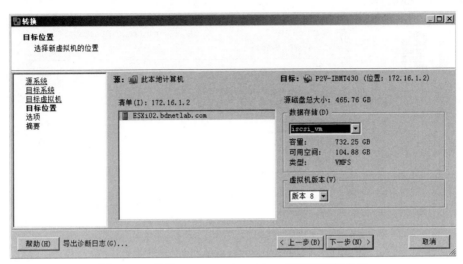

图 15-13　使用 Converter Standalone 转换物理机之四

第 5 步，设置转换后虚拟机的参数，由于 iscsi_vm 存储空间不足，会出现错误提示，如图 15-14 所示，单击"编辑"。

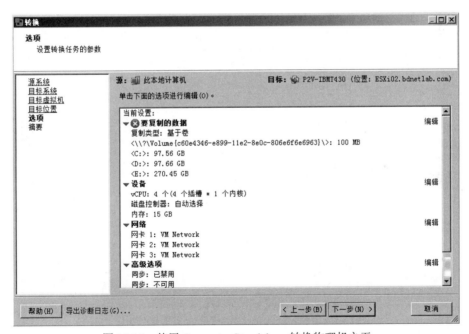

图 15-14　使用 Converter Standalone 转换物理机之五

第 6 步，调整设置，只转换 IBM T430 笔记本的 C 盘，内存配置为 2GB，网卡修改为 1 个，如图 15-15 所示，单击"下一步（N）"按钮。

图 15-15　使用 Converter Standalone 转换物理机之六

第 7 步，确定调整后的参数，如图 15-16 所示，单击"完成（F）"按钮。

图 15-16　使用 Converter Standalone 转换物理机之七

第 8 步，开始进行转换，如图 15-17 所示，预计时间为 1 小时 5 分钟。

第 9 步，物理机到虚拟机转换完成，如图 15-18 所示。

第 10 步，登录 ESXi02（172.16.1.2）主机，主机上增加了一台 P2V-IBMT430 虚拟机，如图 15-19 所示。

第 16 章　VMware vSphere 虚拟化架构规划实战

作为 IT 技术人员，对新兴技术有种极大的热情，经过一些接触后，希望很快能将这项技术应用到实际工作中，而这种未经详细规划的快速应用往往会对公司的整体运营造成困扰，一旦出现问题，会造成不可估计的后果。本章以 2 个项目设计案例，带读者感受一下 VMware vSphere 虚拟化架构在生产环境中如何进行规划。

本章要点
- 全新虚拟化架构规划
- 传统架构升级规划
- VMware vSphere 授权方式

16.1　项目设计 1：全新虚拟化架构规划

16.1.1　项目背景

某金融企业准备筹建新的省级分公司，员工数量在 100～150 之间。由于日常办公以及业务需要，该企业将搭建多种应用服务，例如活动目录 AD、Exchange Server、文件服务、及时通信、Web 服务、Sql 数据库、MangeEngine 管理、安全认证等多种应用平台，这些应用平台计划采用 Windows 或 Linux 服务器完成。

16.1.2　需求分析

根据项目背景，我们可以看出，此项目属于典型的中小企业 IT 应用模式。满足上述需求相对简单，根据成本预算和应用服务采购相应的服务器、网络设备，配置、调试完成后，经过一段时间的试运行如果没有问题即可正式投入使用。

16.1.3　规划设计

在需求分析中提到采购服务器，实际上无论是使用传统方案还是虚拟化实施方案，都会涉及到采购服务器，具体的差异看下面的分析。

1. 传统方案
根据企业的背景以及需求，需要考虑以下几个方面的问题来决定服务器的数量。
① 企业应用平台的数量。
② 企业应用平台的合并率。

③ 安全性以及稳定性。

④ 今后的扩展性。

使用传统方案的话，一般来说一台物理服务器提供单一服务，通过计算，需要 8 台物理服务器。如果考虑活动目录、Exchange、Web 等冗余备份，物理服务器数量在 10 台。

2. 虚拟化方案

虚拟化的方案是根据传统方案计算而产生，具体表现如下。

① 将应用平台所需要的物理服务器转换为虚拟服务器，数量为 10 台。

② 使用主流 Intel Xeon E5 的 CPU，每台物理服务器 2 颗，配置 32G 内存，运行 ESXi 5.0，按照标准的物理服务器到虚拟服务器换算比率 1:10 计算，每台物理服务器可以运行 10 台虚拟服务器，配置 1 台物理服务器即可，考虑冗余和扩展性，建议配置 3～5 台物理服务器。

通过上述计算，可以很清楚看出采用虚拟化方案在物理服务器数量上有绝对的优势，大大降低了初期成本，同时在高级服务提供上也比传统方案存在优势。下面采用虚拟化方案来对规划进行说明。

16.1.4 实施方案

1. ESXi 主机选购

通过上面的分析，对于该企业来说，考虑实施负载均衡、故障切换等高级功能，建议配置 3～5 台物理服务器。在本设计案例中，基于中小企业成本考虑，推荐 Dell PowerEdge 第 12 代机架式服务器，官方提供对虚拟化的支持，具体推荐型号如图 16-1 所示。

图 16-1 Dell PowerEdge 第 12 代机架式服务器

① CPU 配置：对于中小企业来说，基于成本考虑，配置主流双路至强 E5 CPU 是强烈推荐的。如果对性能有较高的要求，建议配置 4 路至强 E5 CPU 或更高的机架式/刀片式服务器。

② 内存配置：ESXi 主机对内存的配置是基于 CPU 来的，以主流双路至强 E5 CPU 来计算，运行 10 个左右的虚拟服务器，每台服务器平均配置 2GB 内存，那么需要的内存数量为 20GB，建议配置 32GB 以上内存。

③ 网卡配置：目前服务器都在主板上集成了 2 个以上的千兆以太网卡，以 Dell PowerEdge 12G R720 服务器为例，可选配的网卡如下。

- Broadcom®四端口 1 GbE BASE-T（无 TOE 或 iSCSI 卸载）。
- 英特尔四端口 1 GbE BASE-T（无 TOE 或 iSCSI 卸载）。
- 英特尔双端口 10 GbE BASE-T，以及 2 个 1 GbE 端口（10 GbE 上支持 FCoE 功能）。
- Broadcom 双端口 10 GbE SFP+，带 2 个 1 GbE 端口（10 GbE 端口上支持 TOE 或 iSCSI 卸载）。

对于生产环境，推荐使用带 TOE 功能的千兆以太网卡，这样会大大减少软件 iSCSI 传输对 CPU 产生的负载。如果成本允许，推荐使用万兆以太网卡以及万兆的交换机。

2. 存储的选择

提到存储，读者首先想到的基本是 EMC、HP 等专业级存储。不可否认，EMC 和 HP 专业级存储无论是性能和安全性上都是最好的，但专业级存储设备动辄几十万、几百万甚至上千万的投入是中小企业不可想象的，即使用传统的 FC SAN 的成本也相当高。在本设计案例中，推荐使用 DELL PowerVault 系列 iSCSI 存储服务器或威联通 NAS，如图 16-2、图 16-3 所示，这 2 款存储都经过 VMware 官方认证。

图 16-2　Dell PowerVault 系列 iSCSI SAN 存储

图 16-3　QNAP（威联通）NAS 存储

以上几款存储都支持千兆以太网连接，DELL PowerVault 系列更是支持万兆以太网连接。中小企业可以根据自己目前的业务规模，同时考虑以后的可扩展性来进行选择。

在这里，不得不提一下 FCoE（Fibre Channel over Ethernet 以太网光纤通道）存储。根据收集到的资料，在 EMC 的 Symmetrix 系列存储中，包括 VMAX 和 VMAXe 型号存储，这 2 种 EMC 最高端存储已经实现了 FCoE 的实际使用。FCoE 存储需要增强型以太网，而增强型以太网反过来要求支持 10Gb 以太网的芯片集和硬件，包括网络适配器和交换机。思科的 Nexus 5000 架顶式交换机能够支持 DCE，分为 20 端口和 40 端口 2 个型号。Nexus 7000 拥有更大的底盘和刀片，主要是作为数据中心的聚合交换机，不过带 DCE 扩展器的 10Gb 线卡预计将于今年上市。Emulex、英特尔和 QLogic 已经在发售支持 DCE 的 10Gb 以太网网卡，这种网卡可以同思科的 Nexus 5000 统一架构协同工作。Brocade 有可能于今年开始发售兼容 FCoE 的产品。

3. 主机网络的设计

目前主流的办公网络可以达到千兆，不少数据中心网络已升级为万兆。网络在虚拟化架构中属于核心之一，读者可以从前面的章节看到，ESXi 主机所有的流量全部依赖于网络，网络设计的不合理会严重影响整个虚拟化架构的运行。

一台典型的 ESXi 主机会配置 6 个千兆以太网口连接到核心交换机。针对典型配置，我们作一些调整，推荐配置 ESXi 主机 10 个千兆以太网口，具体分配如下。

① VM 流量：配置 4 个千兆以太网口。在 ESXi 主机上面运行的是各种虚拟服务器，提供的所有服务均依赖于网络的传输，4 个千兆以太网口捆绑不但为虚拟服务器提供了总带宽 4GB 的传输速率，同时还提供了冗余功能。

② iSCSI 存储流量：配置 4 个千兆以太网口。iSCSI 存储流量属于核心流量，存储性能会影响到整体的运作。对于中小企业来说，一般不会采用专业的硬件级 iSCSI HBA，而是采用软件 iSCSI 方式连接。但需要注意的是，软件 iSCSI 连接方式会占用大量的 CPU 资源。所以，在选择网卡的时候，一定要选择带 TOE（TCP Offload Engine: TCP 减负引擎）功能的千兆网卡。TOE 技术对 TCP/IP 堆栈进行了软件扩展，使部分 TCP/IP 功能调用从 CPU 转移到了网卡上集成的 TOE 硬件，它把网络数据流量的处理工作全部转到网卡上的集成硬件中进行，CPU 只承担 TCP/IP 控制信息的处理任务，从而有效降低了 CPU 负载。

③ vMotion 流量：配置 2 个千兆以太网口。vMotion 流量主要在迁移的时候使用，官方推荐至少使用 2 张千兆网卡，使用一张会出现报警提示。一般来说，如果配置了 DRS，ESXi 主机负载高会自动进行迁移，或者需要对 ESXi 主机进行维护也需要迁移，配置 2 个千兆以太网口能够满足日常需求。

④ FT/管理流量：配置 2 个千兆以太网口。FT 高级特性由于只能使用一个 vCPU，在实际的部署中使用有限，更多的是运行管理流量，配置 2 个千兆以太网口能够满足管理需求，同时提供冗余功能。表 16-1 为部分 Inter、Broadcom 企业级千兆网卡产品名称以及相关参数。

表 16-1 部分 Inter 企业级千兆网卡

产品名称	相关参数
Intel Ethernet Sever AdapeterI350-F2	双端口，PCI-e v2.1 标准，最大传输速率（5.0GT/S）
Intel Ethernet Sever AdapeterI340-T2	双端口，PCI-e v2.0 标准，最大传输速率（5.0GT/S）
Broadcom BCM 5704C	双端口，PCI-x 标准，最大传输速率（1.0GT/S）
Broadcom BCM 5715S	双端口，PCI-e v2.1 标准，最大传输速率（1.0GT/S）

4．交换机选择

对于 ESXi 主机连接的交换机，我们定义为核心交换机。每台交换机具有 24 个以上千兆端口，数量根据 ESXi 主机数量进行配置，推荐选择思科 4500 系列模块化或 3750 系列固定配置交换机，表 16-2 为思科 4500 系列与 3750 交换机介绍。

表 16-2　　　　　　　　　　　思科 4500 系列与 3750 交换机介绍

产品名称	相关参数
思科 Catalyst 4500E 系列交换机	模块化交换机凭借虚拟交换系统提供 1.6 兆兆位的容量； 针对中型分布式网络，提供富有竞争力的功能集和性能； 设计灵活，能够适应不断变化的系统需求和服务需求； 借助运行中软件升级和控制层面策略提升高可用性； 对叠加分布式接入和中小型分布部署而言是理想之选
思科 Catalyst 3750-X 系列交换机	可堆叠的交换机，配置固定，适用于规模较小的部署； 提供高级的第 3 层和第 2 层交换服务和安全服务； 支持千兆和万兆级以太网聚合； 配备 StackWise Plus 及 StackPower，可用性更强； 为高价值的无边界网络服务提供全面支持

5．IP 地址设计

虚拟化架构的 IP 地址设计也依赖于企业整体的 IP 地址设计，对于地址方面，下面提几个需求。

ESXi 主机独立 IP 地址段。

iSCSI 存储独立 IP 地址段。

vMotion 独立 IP 地址段。

FT 管理独立 IP 地址段。

对于各 IP 地址段的路由问题请读者自行考虑，不在本书的讨论范围。

6．设备 VLAN 设计

在上面 IP 地址设计中实际已经进行了分割，为了对网络提供更高的安全性以及控制广播风暴，VLAN 的设计是必须的，根据上面的设计，针对虚拟化设备推荐划分为 4 个 VLAN，其他设备以及接入层 VLAN 设计根据企业实际需要进行划分。

ESXi 主机 VLAN XX（XX 代表 VLAN ID）。

iSCSI 存储 VLAN XX（XX 代表 VLAN ID）。

vMotion VLAN XX（XX 代表 VLAN ID）。

FT 管理 VLAN XX（XX 代表 VLAN ID）。

16.2　项目设计 2：传统架构升级为虚拟化架构

16.2.1　项目背景

某软件外包企业的主要业务是承接 ERP 软件开发任务，开发人员约 100 人。由于开发需要建立了数据中心，数据中心采用千兆以太网络，采用百兆接入桌面。每个项目组都有自己的数据库服务器、中间件服务器、客户端测试服务器等。据数据中心管理人员统计，项目组服务器总数量在 100 台左右。

目前存在的问题为以下几个方面。

① 项目组服务器归集于数据中心机房，但由各项目组自行管理，管理上相当混乱，项目组人员经常与数据中心管理人员发生冲突。

② 项目组服务器数量根据项目进行配置，项目组之间的调配相当困难。

③ 项目组服务器使用率不均衡。

④ 如果新项目上马项目组之间不能调配，必须增加新的服务器，经营成本与管理成本增加。

16.2.2　需求分析

根据上述背景分析可以得出，目前该企业最大的需求有以下几点。

① 如何由数据中心管理人员统一对服务器进行管理？

② 如何让项目组人员只负责开发部分，不参与对服务器的管理？

③ 如何提高服务器的使用率？

④ 如何有效降低经营成本？

16.2.3　规划设计

根据 16.2.1 项目背景可以看出，该企业采用的是传统的方案。随着企业的持续发展，服务器的数量越来越来多，无论是管理上还是经营成本上，都带来了很多的问题。所以，在这个案例中，我们将使用 VMware vSphere 虚拟化架构来进行升级。

1. ESXi 主机的规划

由于该企业目前已经有 100 台左右的服务器，因此进行 ESXi 主机规划前必须统计 100 台服务器的详细配置，看这些服务器是否满足 ESXi 5.0 的要求。

根据数据中心管理人员的统计，100 台服务器中大概有 70 台主机可以满足安装需求，其中性能强劲的大约 30 台左右，性能中等的大约 30 台，性能较差的大概 10 台，共 70 台主机安装 ESXi。余下的 30 台服务器考虑 1/3 作为生产存储，1/3 作为存储备份，1/3 作为其他应用预留。

做好前期准备后，就可以开始 ESXi 主机的规划了，如果本次升级不增加服务器，需要的操作如下。

从满足条件的 70 台主机中调整出 2～4 台左右的服务器用来安装 ESXi，用作其他物理服务器迁移到虚拟服务器，开始迁移后会陆续空出更多的服务器安装 ESXi。

从余下的 30 台服务器中调整出 2～4 台用来安装网络存储（容量必须满足企业条件），用作 ESXi 主要存储使用以及日常备份。

如果本次升级考虑增加 2～4 台服务器，可以参考 16.1.4，选用 Dell PowerEdge 第 12 代机架式服务器。当然，也可以选择 DELL、IBM、HP 其他高性能服务器。

2. 存储的规划

对于该企业来说，推荐采用 EMC、HP 专业级存储。但由于服务器的整合、成本考虑等因素，不采用专业级存储，全力整合余下服务器。在此，推荐 2 款基于 Linux 的 NAS 存储软件。下面来看看 2 款企业级 NAS 存储软件 Open-E（如图 16-4 所示）以及 Openfiler（如图 16-5 所示）的特点。

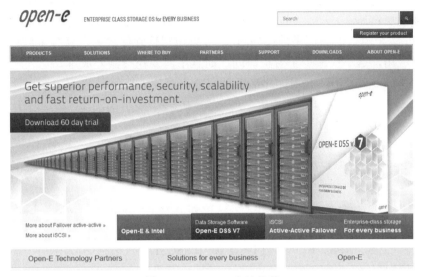

图 16-4　Open-E 存储软件

Open-E NAS 软件具有的特点如下。

① 基于 Linux 行业标准，提供高稳定性。

② 支持传统硬件：支持旧硬件，确保向后兼容性。

③ 支持最新硬件：支持所有最新硬件，包括最新的多 CPU 硬件，确保向前兼容性。

④ iSCSI 功能：IP 地址限制、询问握手认证协议、多路径输入输出、iSCSI 故障转移、iSCSI-3 持久保留以及会话管理。

⑤ NAS 功能：Windows 活动目录/主域名控制器、NIS、内部/外部 LDAP、文件系统日志、用户和组配额以及杀毒。

⑥ 网络客户端和协议：支持 Windows、Linux、Unix、Mac OS 8.0 - 10.5.8、X、SMB/CIFS、FTP、Apple Talk、NFS v2 及 v3、iSCSI、光纤通道、Secure FTP 以及 HTTPS。

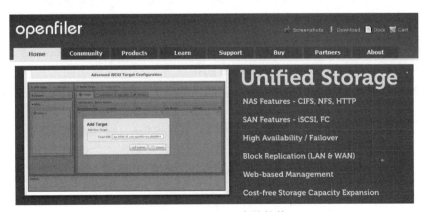

图 16-5　Openfiler 存储软件

⑦ 备份：WORM、NDMP v3.0、备份代理（Backup Exec®、Retrospect®、BrightStor®）、数据文件复制以及卷复制。

⑧ 独立操作系统：拥有独立的操作系统和设备，并且支持更多的硬件选项。

⑨ 连续数据保护：提供持续备份/复制数据保护功能，拥有远超过 24 小时的快照备份，并且使得恢复更迅速。

⑩ 超过 2 个节点的高可用性：Open-E 可以识别软硬件故障，并且可以自动在另一个系统中重启应用，这不仅减少了宕机时间，而且不需要花费额外成本。

⑪ 与 VMware、Citrix 和 Hyper-V 能够完全兼容。

Openfiler 具有的特点如下。

① 基于 Linux 行业标准，提供高稳定性。

② 支持传统硬件：支持旧硬件，确保向后兼容性。

③ 可以在单一框架中提供基于文件的网络连接存储（NAS）和基于块的存储区域网（SAN）。

④ 整个软件包与开放源代码应用程序（例如 Apache、Samba、LVM2、Ext3、Linux NFS 和 iSCSI Enterprise Target）连接。

⑤ 支持 CIFS、NFS、FTP、HTTP/DAV 和 iSCSI 等数据存储应用。

⑥ 免费软件。

根据该企业的应用，ESXi 主机的数量较多，存储需要较高的稳定性以及安全性，推荐使用 Open-E 作为 VMware ESXi 存储。Openfiler 适用于 ESXi 主机较少的中小企业。

3．主机网络的规划

该企业数据中心的网络已经是千兆，在不增加成本升级为万兆网络的情况下，推荐使用千兆网络规划。

在这里必须提一下硬件级的虚拟化交换机——Cisco Neuxs 系列，由于该企业网络架构相当复杂，如果只使用传统的标准虚拟交换机或分布式交换机，对于网络的管理相当繁琐，因此，为保证虚拟化架构的正常运行，该企业必须部署 Cisco Neuxs 硬件级的虚拟化交换机。

16.3　VMware vSphere 5.0 授权方式

在了解完规划设计后，还需要了解一下 VMware vSphere 5.0 的授权方式，由于版本和 4.0 有所区别，所以 VMware vSphere 5.0 的授权方式和以前也不同。5.0 版本的授权分为 2 个部分：ESXi 和 vCenter Server，具体的其他信息，请咨询 VMware 授权合作伙伴或代理商。

16.3.1　ESXi 授权方式

VMware 对于 ESXi 来说，是按物理 CPU 的数量进行授权的，不关心 CPU 的内核数量。VMware vSphere 5.0 目前推出 3 个版本，如表 16-3 所示。

表 16-3　　　　　　　　　　　　　　　　**VMware vSphere 版本**

　　按 CPU 数量定价的独占许可方式。所有版本都必须与某个现有或单独购买的 vCenter Server 版本结合使用。每个版本都有特定的 CPU 和虚拟内存授权容量。如果具有超出这些权限的更高要求，必须购买附加许可证，要求至少购买一年的产品升级和技术支持服务。

　　定价信息仅为在美国销售时的建议零售价。实际定价因情况而异，并且可能随时更改。有关其他信息，请咨询 VMware 授权合作伙伴或代理商。

产品名称	包含组件	许可证价格	1 年升级和技术 支持服务
VMware vSphere Standard 服务器整合，无计划内停机	VMware vSphere 5 Standard （适用于 1 个处理器）	USD 995.00	USD 273.00/基本支持 USD 323.00/生产支持
VMware vSphere Enterprise 功能强大的高效资源管理	VMware vSphere 5 Enterprise （适用于 1 个处理器）	USD 2875.00	USD 604.00/基本支持 USD 719.00/生产支持
VMware vSphere Enterprise Plus 基于策略的数据中心自动化	VMware vSphere 5 Enterprise Plus（适用于 1 个处理器）	USD 3495.00	USD 734.00/基本支持 USD 874.00/生产支持

　　VMware 针对中小企业特别推出了套件组合，可以有效节约成本，如表 16-4 所示。

表 16-4　　　　　　　　　　　　　　**VMware vSphere Essentials 套件**

　　将最多 3 台物理服务器（每台最多 2 个处理器）的虚拟化与 vCenter Server for Essentials 集中式管理功能结合在一起的一体式解决方案。有关每个工具包的产品升级和技术支持服务的具体细则，请参阅下面的说明。

　　注意：vSphere Essentials Kit 是唯一一种可按事件数量支持选购的产品，要求购买一年的产品升级和技术支持服务。下面列出的所有其他套件和版本都要求购买一年的产品升级和技术支持服务。

　　定价信息仅为在美国销售时的建议零售价。实际定价因情况而异，并且可能随时更改。有关其他信息，请咨询 VMware 授权合作伙伴或代理商。

产品名称	包含组件	许可证价格	1 年升级和技术 支持服务
VMware vSphere Enterprise Kit 通过企业级虚拟化以最少的预算实现服务器整合	用于 3 台主机的 VMware vSphere 5 Enterprise Kit（每个主机最多 2 个处理器）	USD 495.00	USD 65.00/必需的支持和订购服务 USD 299.00/可选的按事件数量支持
VMware vSphere Enterprise Plus Kit 为小型环境提供服务器整合与业务连续性	用于 3 台主机的 VMware vSphere 5.1 Enterprise Plus Kit（每个主机最多 2 个处理器），VMware vSphere Storage Appliance	USD 4495.00	USD 944.00/基本支持 USD 1124.00/生产支持

16.3.2　vCenter Server 授权方式

　　vCenter Server 作为重要的管理工具，所有高级功能必须依靠它实现，授权必须单独购买，不同 vCenter Server 版本所具有的功能也不一样。vCenter Server 版本授权如表 16-5 所示。

表 16-5   VMware vCenter Server 版本

VMware vCenter Server 可为 vSphere 环境提供统一管理，并且是进行 VMware vSphere 完整部署的必要组件，必须具备一个 vCenter Server 实例才能实现虚拟化及其主机的集中管理和所有 vSphere 功能，要求至少购买一年的产品升级和技术支持服务。

定价信息仅为在美国销售时的建议零售价。实际定价因情况而异，并且可能随时更改。有关其他信息，请咨询 VMware 授权合作伙伴或代理商。

产品名称	包含组件	许可证价格	1 年升级和技术支持服务
VMware vCenter Server Foundation 为寻求快速部署、监视和控制虚拟的小型 vSphere 环境提供强大的管理工具	用于最多 3 台主机的 VMware vCenter Server 5 Foundation for vSphere（每个实例）	USD 1495.00	USD 545.00/基本支持 USD 645.00/生产支持
VMware vCenter Server Standard 为快速部署、监视、协调和控制虚拟机提供大规模 VMware vSphere 部署管理	VMware vCenter Server 5 Standard for vSphere（每个实例）	USD 4955.00	USD 1049.00/基本支持 USD 1249.00/生产支持

16.4 本章小结

本章通过 2 个案例对 VMware vSphere 5.0 虚拟化架构在中小企业的规划作了详细的介绍，需要注意的重点有以下几点。

* 网络

最低使用千兆以太网络，如果企业成本允许，推荐使用万兆以太网络。

* 存储

存储是虚拟化架构的核心之一，如果企业成本允许，推荐使用 EMC、HP 等专业级存储。

* 授权

中小企业在部署过程中可以根据自己的需求来购买相应的授权。需要特别注意的是，很多物理服务器的 Windows 系统是 OEM 版的，迁移到虚拟服务器时会要求重新输入 Windows 系统授权，所以，在迁移时必须考虑如何解决这个问题。